Sitzungsberichte der Heidelberger Akademie der Wissenschaften

Mathematisch-naturwissenschaftliche Klasse

Die Jahrgänge bis 1921 einschließlich erschienen im Verlag von Carl Winter, Universitäts-buchhandlung in Heidelberg, die Jahrgänge 1922—1933 im Verlag Walter de Gruyter & Co. in Berlin, die Jahrgänge 1934—1944 bei der Weiß'schen Universitätsbuchhandlung in Heidelberg. 1945, 1946 und 1947 sind keine Sitzungsberichte erschienen.

Jahrgang 1939.

1. A. Seybold und K. Egle. Untersuchungen über Chlorophylle. DM 1.10.
2. E. Rodenwaldt. Frühzeitige Erkennung und Bekämpfung der Heeresseuchen. DM 0.70.
3. K. Goerttler. Der Bau der Muscularis muscosae des Magens. DM 0.60.
4. I. Hausser. Ultrakurzwellen. Physik, Technik und Anwendungsgebiete. DM 1.70.
5. K. Kramer und K. E. Schäfer. Der Einfluß des Adrenalins auf den Ruheumsatz des Skeletmuskels. DM 2.30.
6. Beiträge zur Geologie und Paläontologie des Tertiärs und des Diluviums in der Umgebung von Heidelberg. Heft 2: E. Becksmann und W. Richter. Die ehemalige Neckarschlinge am Ohrsberg bei Eberbach in der oberpliozänen Entwicklung des südlichen Odenwaldes. (Mit Beiträgen von A. Strigel, E. Hofmann und E. Oberdorfer.) DM 3.40.
7. Studien im Gneisgebirge des Schwarzwaldes. XI. O. H. Erdmannsdörffer. Die Rolle der Anatexis. DM 3.20.
8. Beiträge zur Geologie und Paläontologie des Tertiärs und des Diluviums in der Umgebung von Heidelberg. Heft 4: F. Heller. Neue Säugetierfunde aus den altdiluvialen Sanden von Mauer a. d. Elsenz. DM 0.90.
9. K. Freudenberg und H. Molter. Über die gruppenspezifische Substanz A aus Harn (4. Mitteilung über die Blutgruppe A des Menschen). DM 0.70.
10. I. von Hattingberg. Sensibilitätsuntersuchungen an Kranken mit Schwellenverfahren. DM 4.40.

Jahrgang 1940.

1. F. Eichholtz und W. Sertel. Weitere Untersuchungen zur Chemie und Pharmakologie der Heidelberger Radiumsole. DM 2.20.
2. H. Maass. Über Gruppen von hyperabelschen Transformationen. DM 1.20.
3. K. Freudenberg, H. Walch, H. Grieshaber und A. Scheffer. Über die gruppenspezifische Substanz A (5. Mitteilung über die Blutgruppe A des Menschen). DM 0.60.
4. W. Soergel. Zur biologischen Beurteilung diluvialer Säugetierfaunen. DM 1.—.
5. Annulliert.
6. M. Steck. Ein unbekannter Brief von Gottlob Frege über Hilbert's erste Vorlesung über die Grundlagen der Geometrie. DM 0.60.
7. C. Oehme. Der Energiehaushalt unter Einwirkung von Aminosäuren bei verschiedener Ernährung. I. Der Einfluß des Glykokolls bei Hund und Ratte. DM 5.60.
8. A. Seybold. Zur Physiologie des Chlorophylls. DM 0.60.
9. K. Freudenberg, H. Molter und H. Walch. Über die gruppenspezifische Substanz A (6. Mitteilung über die Blutgruppe A des Menschen). DM 0.60.
10. Th. Ploetz. Beiträge zur Kenntnis des Baues der verholzten Faser. DM 2.—.

Jahrgang 1941.

1. Beiträge zur Petrographie des Odenwaldes. I. O. H. Erdmannsdörffer. Schollen und Mischgesteine im Schriesheimer Granit. DM 1.—.
2. M. Steck. Unbekannte Briefe Frege's über die Grundlagen der Geometrie und Antwortbrief Hilbert's an Frege. DM 1.—.
3. Studien im Gneisgebirge des Schwarzwaldes. XII. W. Kleber. Über das Amphibolitvorkommen vom Bannstein bei Haslach im Kinzigtal. DM 1.60.
4. W. Soergel. Der Klimacharakter der als nordisch geltenden Säugetiere des Eiszeitalters. DM 1.40.

Sitzungsberichte
der Heidelberger Akademie der Wissenschaften
Mathematisch-naturwissenschaftliche Klasse
Jahrgang 1951, 4. Abhandlung

Symmetrie und Verzweigung der Lebermoose

Ein Beitrag zur Kenntnis ihrer Wuchsformen

Von

Günther Buchloh
Botanisches Institut Heidelberg

Mit 23 Textabbildungen

(Vorgelegt in der Sitzung vom 21. Juli 1951)

Heidelberg 1951
Springer-Verlag

ISBN-13: 978-3-540-01584-0   e-ISBN-13: 978-3-642-99833-1
DOI: 10.1007/978-3-642-99833-1

Druck der Universitätsdruckerei H. Stürtz AG., Würzburg

Symmetrie und Verzweigung der Lebermoose.
Ein Beitrag zur Kenntnis ihrer Wuchsformen.

Von

Günther Buchloh, Heidelberg*.

Mit 23 Textabbildungen.

(Vorgelegt in der Sitzung vom 21. Juli 1951.)

Inhaltsübersicht.

Einleitung.

Untersuchungen über den morphologischen Aufbau der Lebermoosgametophyten sind nicht neu. Etwa seit Beginn des 19. Jahr-
hunderts haben sich Forscher darum bemüht, die Entwicklungsgeschichte und den anatomischen Bau der Lebermoospflanze im
einzelnen aufzuklären. Doch hat bei all diesen Arbeiten, welche

---

* Dissertation aus dem Botanischen Institut Heidelberg. Die Arbeit
wurde auf Anregung von Herrn Professor Dr. RAUH durchgeführt, dem ich
für die rege Anteilnahme an dem Fortgang der Arbeit danke.

den Entwicklungsverlauf vom Beginn der Sporenkeimung an bis
zum erwachsenen Individuum zum Inhalt hatten, vor allem der
Modus der Zellteilungen und die Entwicklung einzelner Organe
im Vordergrund gestanden, wodurch man allerdings zu einer um-
fassenden Kenntnis über das Verhalten der Scheitelzelle und der
gesamten Scheitelregion gelangt ist. Es sei in diesem Zusammenhang besonders auf die Arbeiten von Gottsche, Hofmeister,
Leitgeb, Kny u. a. hingewiesen.

Je besser man durch diese ausschließlich anatomisch-histo-
genetische Betrachtungsweise den inneren Aufbau der Lebermoospflanze kennenlernte, desto mehr strebte man nach der Klärung
der Frage, in welchem kausalen Zusammenhang die einzelnen Organe des Lebermoosgametophyten zu ihrer Umwelt ständen. Durch
die Wechselbeziehungen von äußerem Einfluß und der Reaktion
der Pflanze hierauf, stehen Organismus und Außenwelt in einer so
innigen Verbindung zueinander, daß der eine ohne die andere nicht
denkbar ist. Um diesen Anforderungen der Außenwelt begegnen
zu können, müßte der Organismus Anpassungserscheinungen an
diese zeigen, die ihn befähigen, sich behaupten zu können. Diese
Betrachtungsweise führte dazu, einzelne Organe des Lebermoosgametophyten als funktionelle Einrichtungen anzusehen, die eine
„bestimmte Aufgabe zu erfüllen haben". Die jeweilige Gestalt des
Organs wäre die seiner Funktion entsprechend „zweckmäßige"
und der Habitus in seiner Gesamtheit, die Wuchsform, wäre die
Summe seiner Organe, die im Verhältnis einer „Arbeitsteilung" zueinander ständen. Die bei den Lebermoosen vorherrschende Dorsiventralität und der plagiotrope Wuchs wurden fast ausnahmslos
als eine induzierte Reaktion auf die Einflüsse der Umwelt, besonders
auf die Einwirkungen von Wasser, Licht und Erdschwere ange-
sehen.

„Zwar nennen viele Autoren die von ihnen gefundenen Tat-
sachen morphologische Daten. Und doch geben sie vielfach keine
reine Morphologie ... Der Morphologe legt den höchsten Wert
auf Lage und Folge, für ihn ist Funktion und Anpassung Neben-
sache" (van der Wijk, 1932).

Tatsächlich lehrt die Beobachtung, daß es Organe am Lebermoosgametophyten gibt, die dazu herausfordern könnten, sie als
„zweckmäßige" Formbildungen zu deuten, die eine bestimmte
Funktion zu erfüllen hätten. In diesem Zusammenhang erschiene
die Umbildung von Blättern und Blattlappen folioser Lebermoose

zu „Wasserbehältern" besonders sinnfällig. Andererseits gibt es Einrichtungen, die eine Zweckmäßigkeitsdeutung nicht zulassen: So war z. B. CLEE (1937) der Ansicht, daß unterschlächtige Blattstellung bei foliosen Lebermoosen das Wasser aufwärts (spitzenwärts), oberschlächtige Beblätterung das Wasser besser abwärts führen würde. Für den letzten Fall führte er rindenbewohnende *Madotheca-, Frullania-, Lejeunea-* und *Radula-*Arten an. Diese rein teleologische Deutungsweise konnte MÄGDEFRAU (1937) durch Versuche mit *Madotheca* widerlegen, indem er bewies, daß das Wasser viel schneller — trotz oberschlächtiger Beblätterung — aufwärts (spitzenwärts) geleitet wird.

Dieser einseitig ökologisch teleologischen Betrachtungsweise trat als erster vor allem GOEBEL entgegen. Immer wieder hat er sich bemüht, die Gestalt als das Produkt der Zusammenwirkung äußerer und *innerer* Gestaltungsfaktoren anzusehen, und aus den Darstellungen in seiner Organographie der Pflanzen geht vielfach hervor, daß die Mannigfaltigkeit der Formbildung bedeutend größer ist, als es die Anpassung an die Umwelt erfordern würde. Sehr treffend sagt K. MÜLLER: „Man muß sich überhaupt davor hüten, bei der nahezu unerschöpflichen Gestaltungsabwechslung der Lebermoose... alles biologisch erklären zu wollen!" (1940, S. 29).

Daß die Wuchsformen der Lebermoose von äußeren Einwirkungen wesentlich beeinflußt werden, geht aus den Untersuchungen von BUCH (1922), NĚMEC (1906) u. a. klar hervor. Aber schon die Arbeiten von VÖCHTING (1878, 1885) und KREH (1909) deckten Erscheinungen auf, die durch eine Einwirkung äußerer Einflüsse allein nicht hervorgerufen sein konnten: „Sie (gemeint sind die äußeren Gestaltungsfaktoren) können zwar das Ergebnis stark modifizieren, durch geschickte Versuchsanstellung kann es gelingen, den Gegensatz zu verdecken, aber es ist nie gelungen, das bestehende Verhältnis dauernd umzukehren. Der Grund für diese Erscheinung kann daher nur in inneren Faktoren zu suchen sein..." (KREH 1909, S. 7).

Zu ähnlichen Anschauungen kam DACHNOWSKY (1907) durch Ergebnisse aus seinen Experimenten an *Marchantia polymorpha* L. Er folgert daraus: „Nach den obigen Ergebnissen zu urteilen, kommt Dorsiventralität auf dem Klinostaten zustande. Die einseitige Beleuchtung ist offenbar weder eine unerläßliche noch eine entscheidende Bedingung für die Entstehung der Dorsiventralität und die Entwicklung der Brutkörper. Es handelt sich hier um eine

innere physiologische Veränderung... Die Kombinationen der
äußeren Faktoren beeinflussen also nur einen Teil der möglichen
Entwicklungsvorgänge" (S. 264).

Aus diesen Folgerungen kann geschlossen werden, daß neben
Umwelteinflüssen Faktoren wirksam sind, die die Einwirkungen
der Außenwelt nicht nur mit bestimmten Reaktionen beantworten,
sondern die, vollständig unabhängig von äußeren Einflüssen, auto-
nom in den Prozeß der Gestaltbildung eingreifen und als Spezifika
des Lebendigen aufgefaßt werden müssen und die darum nur im
Organismus selbst gesucht werden können.

Bereits WIGAND sagte (1854, S. 18): „...da in der Pflanze Gestalt und Funktion keineswegs notwendig aneinander gebunden
sind, daß vielmehr zwei verschiedene Tätigkeiten des Pflanzen-
lebens: die Gestaltungstätigkeit und die physiologische getrennt
nebeneinander bestehen, zwar in vielen Fällen, ... häufig zu-
sammentreffen, jedoch nicht allgemein gesetzmäßig verbunden
sind." Damit trat er jener Ansicht entgegen, die „der Gestalt
keinen morphologischen Eigenwert zusprach, sondern sie rein
adaptiv verstand" (RAUH 1939, S. 225).

Durch zahlreiche Arbeiten TROLLs und seiner Schule (vgl. besonders RAUH, 1939 u. a. a. O.) ist bewiesen worden, daß dem Organismus der höheren Pflanzen und auch dem der Laubmoose
(MEUSEL, 1939) ein „morphologischer Eigenwert" zugestanden
werden muß, daß die Wuchsform nicht ausschließlich durch be-
ständig einwirkende Umwelteinflüsse entstanden ist, sondern daß
sie als das Produkt von exogenen Einwirkungen und einem autonomen Gestaltungsgeschehen anzusehen ist. Reaktionsbereit-
schaft und Reaktionsvermögen des Organismus ermöglichen „es
ihm, in den Grenzen seiner *typenhaft gebundenen* Organisation sich
gegenüber den von der Umwelt gestellten Anforderungen zu behaupten..." (RAUH 1939, S. 222).

Im folgenden soll nun versucht werden darzulegen, inwieweit
jene allgemeinen morphologischen Gestaltungsgesetze auch in der Gestalt der Lebermoose, in ihrer Wuchsform, zum Ausdruck kommen.
Eine morphologische Betrachtung der Wuchsformen kann darum
nicht rein beschreibend erfolgen. Vielmehr sollen die morphologischen Bezüge, die über jeglichem dynamischen Geschehen im Organismus liegen, aufgezeigt werden. Sind diese morphologischen
Gestaltungsgesetze allgemeiner Natur, so müssen sie nicht nur bei
den höheren Pflanzen, sondern auch in der Formbildung der Leber-

moose zum Ausdruck kommen, wenn auch infolge ihrer niedrigeren Organisation in einer anderen Form, immer aber als Grundtendenz, die die Richtung vorzeichnet, in der die Gestaltbildung verläuft.

I. Allgemeine Gestaltungsverhältnisse.

Die *Vegetationskörper* der Lebermoose weisen zwei habituell sehr verschiedene Typen auf: den Thallus und den Kormus. Während letzterer durch seine Gliederung in Rhizoiden, „Stämmchen" und „Blätter" eine mehr oder minder vollkommene form-analoge Konvergenz zu den höheren Pflanzen darstellt, die damit notwendigerweise zu einer funktionellen Konvergenz führt[1], werden unter dem Begriff des Thallus sehr heterogene Vegetationskörper zusammengefaßt. Sie zeichnen sich allgemein dadurch aus, daß sie nicht in der Weise gegliedert sind wie der Kormus der Lebermoose. Der Thallus der *Marchantiales* (sens. lat.) stellt eine in sich geschlossene morphologische und funktionelle Einheit dar, die in ihrer Gesamtheit in einem inneren Abhängigkeitsverhältnis zueinander steht und deren „Arbeitsteilung" im anatomischen Aufbau zum Ausdruck kommt, nicht in der äußeren Gestalt. Dieser Thallusform gegenüber stehen die der *Anthocerotales* und die der *Jungermaniales*, die, wenngleich auch untereinander typologisch verschieden, sowohl unter sich als auch zu den foliosen *Jungermaniales* in ihrer Gestalt morphologische Konvergenzerscheinungen bilden. „Auch Konvergenzen erschöpfen sich nicht in solchen Anpassungsmerkmalen. Die pflanzlichen Gestaltungsverhältnisse weisen vielmehr auch in diesen höchst merkwürdigen Erscheinungen unverkennbare Züge nicht-adaptiver Natur auf und es sind gerade diese, welche sich an Formen verschiedener Organisation wiederholen. Wir stehen also vor der Tatsache, daß die als Konvergenzen bezeichneten Ähnlichkeiten nicht von außen bedingt und deshalb auch nicht aus konvergenter Anpassung zu erklären sind" (TROLL 1937, S. 24).

Die ersten Entwicklungsstadien der Lebermoose, die Keimungsgeschichte und das Protonemastadium — sie mögen bei den einzelnen Arten noch so verschieden sein —, ist für das Verständnis

---

[1] Der Übergang vom Thallus zum Kormus innerhalb der *Jungermaniales anakrogynae*: *Blasia, Fossombronia, Treubia, Androcryphia* und das Auftreten thalloser Vegetationskörper bei den *Jungermaniales akrogynae*: *Pteropsiella frondiformis* u. a. sind keine „Anpassungserscheinungen" und können darum auch nicht funktionell bedingt sein.

der fertigen Wuchsform nur von untergeordneter Bedeutung. ČELAKOVSKÝ, TROLL und RAUH weisen mehrfach darauf hin, daß die Entwicklungsgeschichte allein nicht immer das Verständnis für die fertige Wuchsform erschließt. Dieses kann vielmehr nur durch die Methode des Vergleichs gewonnen werden, die dann einsetzen muß, wenn die Pflanze aus ihrem Jugendstadium heraustritt und ihre formative Entwicklung beginnt. Das Jugendstadium der Lebermoose ist mit der Bildung der Scheitelzelle am Protonema abgeschlossen. Die eigentliche Entwicklung der Wuchsform beginnt mit einer Erstarkung des Vegetationskörpers, die mit der Bildung eines Primärsprosses einsetzt. Der Begriff der „Erstarkung" ist bei den Lebermoosen anders zu verstehen und zu fassen als bei den höheren Pflanzen, da es sich hier nicht um eine Volumenzunahme des Vegetationskörpers im Sinne eines Dickenwachstums handelt: Aus dem Protonema geht durch Knospung meist nur ein Primärsproß hervor, der bei den foliosen Arten in der Regel mit Niederblättern besetzt ist, kleinen schuppenartigen Gebilden. Dieser Sproß erreicht nur eine begrenzte Länge und ist nur schwach entwickelt. Stellt er sein Wachstum ein, so bilden sich an ihm Seitenäste, die sich durch kräftigeren Wuchs vom Primärsproß unterscheiden, deren Blätter aus dem Niederblattstadium heraustreten und die sich zu Folgeblättern entwickeln. Sie stellen die definitiven Blätter am Lebermoosstämmchen dar. In anderen Fällen stellt der Primärsproß sein Wachstum nur vorübergehend ein. Bei Eintritt in die neue Vegetationsperiode zeichnet sich der neue Längenzuwachs, der die Verlängerung des Primärsprosses darstellt, durch kräftigeren Wuchs aus. Er wird damit zum Hauptsproß. Diese Erstarkung kommt ebenfalls in der Blattfolge zum Ausdruck. Ähnlich sind die Erstarkungsverhältnisse bei den thallosen Arten der *Jungermaniales*: An der Basis sind sie fast flügellos, um dann mit zunehmender Erstarkung die definitiven Thallusflügel auszubilden. Das Erstarkungswachstum offeriert sich bei den Lebermoosen also immer beim Übergang von einer schwachen in eine kräftigere Vegetationsphase und findet seinen Ausdruck vornehmlich in der Innovation. Diese erfolgt in der oben beschriebenen Weise: entweder durch Bildung von Innovationsästen (Seiten- und Ventralästen) oder durch Weiterwachsen des Primärsprosses und durch den damit verbundenen Übergang zum Hauptsproß. Besonders deutlich treten diese Erstarkungsphasen beim Übergang vom Protonema zum Primärsproß und von diesem zum Hauptsproß in Erscheinung. Aber auch zu Beginn jeder neuen Wachstumsperiode ist das Erstarkungswachstum deutlich, im Extrem an stockwerkartig abgesetzten Triebperioden, zu erkennen.

Mit dem Einsetzen einer neuen Erstarkungsphase läuft die Einwirkung von bestimmten Gestaltungsgesetzen parallel, die in den Gesetzen der Symmetrie verankert sind.

Die Symmetrieverhältnisse der Wuchsformen sind Ausdruck allgemeiner Gestaltungsverhältnisse und grundlegender Vorgänge in der gestaltlichen Ausbildung alles Lebendigen. Sie beschränken sich nicht nur auf den Sporophyten der höheren Pflanzen — wenngleich sie hier umfassend herausgearbeitet worden sind —, sondern bestimmen ebenfalls die Wuchsformen der Lebermoose, bei denen besonders der Gametophyt den Gesetzen der Symmetrie unterliegt. Trotz ihrer, im Vergleich zu den Laubmoosen und höheren Pflanzen niedrigeren Organisation und einer größeren Einheitlichkeit ihres Bauplanes sind dennoch Gesetzmäßigkeiten zu erkennen, die 1. in der longitudinalen Symmetrie, 2. in der lateralen Symmetrie zum Ausdruck kommen.

II. Die longitudinale Symmetrie.

1. Die Polarität bei foliosen Lebermoosen.

„Mit der longitudinalen Symmetrie ist nach TROLL (1948, 1949) der Begriff der Polarität auf das engste verknüpft, worunter die Verschiedenheit von Basis und Spitze eines Organes verstanden wird... Auf den verschiedenen Erscheinungsformen der longitudinalen Symmetrie beruht letzten Endes auch der Unterschied zwischen baum- und strauchförmigem Wuchs. Das Verzweigungsbild der Bäume wird von Akrotonie, das der Sträucher von Basitonie beherrscht" (RAUH 1950, S. 51, vgl. auch TROLL 1937 und RAUH 1939 und 1942).

Die unterschiedliche Förderung der Beastung eines Sproßsystems in verschiedenen Sproßregionen — bei abgeleiteten Wuchsformen tritt der starke Gegensatz von Sproßbasis und Sproßspitze besonders deutlich hervor — ist eine Erscheinung, die bei den Lebermoosen, sowohl bei den foliosen wie bei den thallosen, in hervorragendem Maße in Erscheinung tritt. Nachdem VÖCHTING (1885) eine ausgesprochene Polarität nachgewiesen hatte und KREH in seinen Untersuchungen über die Regenerationen bei Lebermoosen die VÖCHTINGschen Ergebnisse bestätigen und dahingehend erweitern konnte, daß auf Grund des Bauplanes der Lebermoospflanze Regenerationssprosse ungleich häufiger am apikalen als am basalen Pol des Hauptsprosses entstehen, so war zu erwarten, daß auch die Wuchsformen der Lebermoose in ihrer natürlichen Beastung eine Polarität erkennen lassen. Die Entstehung der Seitenäste erfolgt nach Leitgeb (1875) entweder exogen aus Segmenten der Scheitelzelle („Endverzweigung" nach Leitgeb) oder interkalar, d. h. unabhängig von der Scheitelzelle an älteren Sproßteilen aus Zellen, die bereits vollständig ausdifferenziert und ausgewachsen waren. Als Derivat der Scheitelzelle erfolgt die Bildung der Seitenäste in der Weise, daß ein Segment, welches normalerweise in seiner Gesamtheit zum Blatt auswächst, durch eine Antiklinalwand in einen akroskopen und in einen basiskopen Abschnitt geteilt wird. Je nachdem, an welchem Segment die Wandbildung erfolgt, und je nachdem welcher der aus der Wandbildung resultierenden Abschnitte zum Seitenast auswächst, unterscheidet man (nach Evans, 1912) 4 Typen der Endverzweigung.

1. Aus dem akroskopen Abschnitt eines Seitensegmentes.
2. Aus dem basiskopen Abschnitt eines Seitensegmentes.
3. Aus dem basiskopen Basilarteil eines Scheitelzellensegmentes.
4. Aus dem ventralen Segment.

Der Begriff der interkalaren Astbildung ist in Analogie zu den Verhältnissen bei den höheren Pflanzen gebildet worden und soll besagen, daß die Seitenäste im Gegensatz zu den durch Endverzweigung entstandenen unabhängig vom Scheitelmeristem gebildet werden, d. h. nicht als direkte Ausgliederungen der Scheitelzelle (Abb. 1, *I*). Sie werden zunächst als Organreserven in der Form ruhender Knospen angelegt (Abb. 1, *III*, *1—6*). Stellt nun die Scheitelzelle ihr Wachstum ein, so treiben diese Knospen zu normalen Seitenästen aus. Diese Verhältnisse erinnern durchaus an die der höheren Pflanzen: „Die basalen Knospen verbleiben überhaupt in Ruhe. Sie werden deshalb auch als ‚Ruheknospen' bezeichnet. Sie stellen Organreserven dar und entwickeln sich erst bei Verletzung des Sproßsystems. Die über diesen gelegenen Knospen entwickeln sich dann zu spitzenwärts an Länge und Dicke zunehmenden Seitenästen. Die rückwärtigen bleiben dabei schwach und kurz, sind meist von kurzer Lebensdauer und werden im Gegensatz zu den kräftigen spitzennahen Langtrieben als Kurztriebe bezeichnet. Die Gipfelknospe wächst zum kräftigsten Trieb aus" (Rauh 1950, S. 49).

Endogene Seitenäste sind überhaupt viel verbreiteter als gewöhnlich angenommen wird, und es scheint, daß die Mehrzahl der beblätterten Lebermoose interkalare Äste ausbilden kann. Das kommt besonders dann zum Ausdruck, wenn vollständige Pflanzen dekapitiert und dadurch zur Innovation angeregt werden. Die durch solche Eingriffe entstehenden Seitenäste erneuern dann zusammen mit den durch Endverzweigung entstandenen das Sproßsystem.

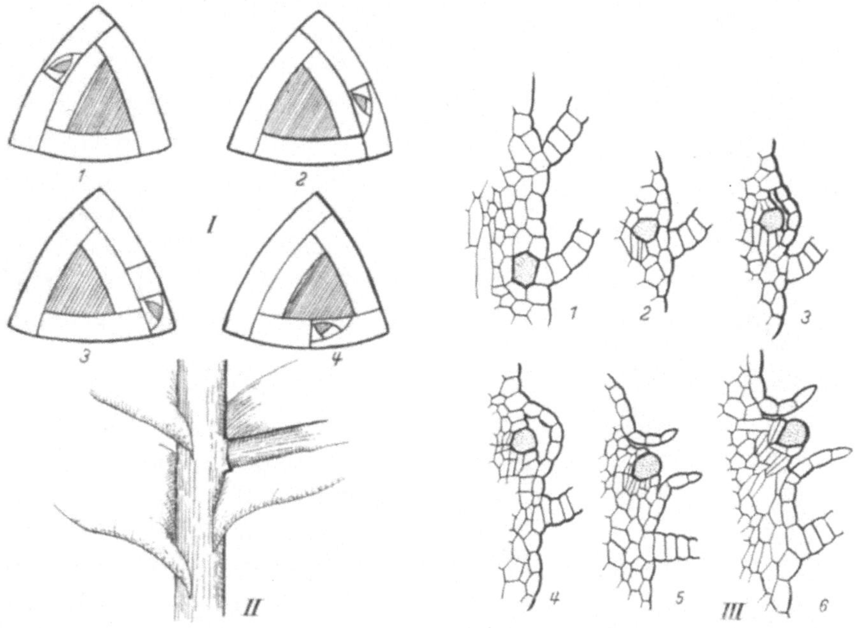

Abb. 1. *I, 1—4* die 4 Arten der Endverzweigung schematisch (nach EVANS). *II* Interkalare Verzweigung. *III, 1—6* Entstehung eines Ventralflagellums von *Bazzania trilobata*.

Es wurden daraufhin besonders *Plagiochila asplenioides* DUM., *Diplophyllum albicans* DUM., *Scapania undulata* DUM., *Sc. nemorosa* DUM., *Odontoschisma denudatum* DUM., *Cephalozia bicuspidata* DUM. und *C. connivens* SPR. untersucht.

Wesentlich für das Verständnis der Polarität bei den Lebermoosen ist 1. die Tatsache, daß sie nur in einer Richtung weiterwachsen, nur einen Sproßpol besitzen und in dieser Hinsicht unipolar[2] gebaut sind, eine Erscheinung, die durch die Lage der Scheitelzelle am Sproß und durch deren Tätigkeit bedingt ist, 2. die Differenzierung der Beastung in Sprosse, deren Wachstum begrenzt ist und in solche, die unbegrenzt weiterwachsen. Im ersten

---

[2] Der Ausdruck „unipolar" wird im folgenden nur in diesem Sinn verstanden.

Fall stellt die Scheitelzelle des Seitenastes nach einiger Zeit ihr Wachstum ein, die Seitenäste wachsen also nur bis zu einer bestimmten Größe heran. An der Basis des Hauptsprosses sind sie meist nur schwach und unentwickelt, nehmen aber in akropetaler Folge an Größe zu. Alle Seitenäste haben, solange der Hauptsproß als Monopodium weiterwächst, zunächst den Charakter von Kurztrieben. Durch die Art der Innovation werden dann die allgemeinen Richtungen festgelegt, in denen sich die Entwicklung des Sproßsystems weiterbewegt: a) als Sympodium, b) als Monopodium.

a) Das sympodiale Sproßsystem.

Aus der Protonemaknospe entwickelt sich der zunächst völlig undifferenzierte und auf dem Substrat hinkriechende Primärsproß. Schon nach einiger Zeit beginnt er zu erstarken. Dieser Vorgang findet seinen Ausdruck in der Weiterentwicklung der Niederblätter zu Folgeblättern[3] und in der Aufrichtung des Sprosses vom Substrat. Mit ausklingender Vegetationsperiode legt der Primärsproß im einfachsten Fall einen Seitenast an und tritt dann in die reproduktive Phase ein. Damit beschließt der Primärsproß in der Regel sein Wachstum. Bei Beginn der neuen Vegetationsperiode wächst die in der ersten Phase angelegte Knospe zum Innovationsast aus, erstarkt im Verlaufe des Wachstums und verhält sich weiterhin

Abb. 2. Monochasiale Sproß-Ast-Systeme.
I Chandonanthus setiformis. II Barbilophozia gracilis. III Tritomaria quinquedentata.

---

[3] Auf die Beblätterung wird im Kapitel über die Blattfolge genauer einzugehen sein.

wie der Primärsproß. Diese einfachsten Verhältnisse des sympodialen Systems, das in diesem Falle als Monochasium vorliegt, wird anschaulich demonstriert durch *Chandonanthus setiformis* LINDBG. (Abb. 2, *I*). Gelegentlich werden während der Vegetationsperioden noch einzelne Seitenäste angelegt, die an der Basis nur schwach sind, und alsbald ihr Wachstum überhaupt einstellen, also auf dem Kurztriebstadium stehenbleiben. Immer ist es der jüngste Seitenast, der die „subflorale" Innovation bildet. Dieser ist zunächst, wie alle anderen Seitenäste, ebenfalls nur ein Kurztrieb, wächst aber

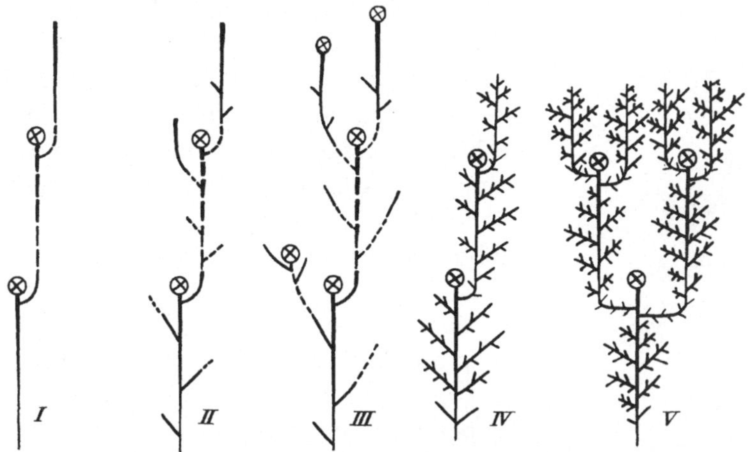

Abb. 3. Übergang von monochasialer zu dichasialer Verzweigung (schematisch). *I—III* Sproß-Ast-Systeme. *IV—V* Fieder-Ast-Systeme.

infolge des mit der Innovation verbundenen Erstarkungswachstums zum Langtrieb aus, der in der weiteren Vegetationsperiode die Fortführung des gesamten Sproßsystems übernimmt. So einfach dieses System in seinem Aufbau ist, so deutlich erscheint in der Innovation durch den obersten Seitenast bereits das erste Anzeichen für eine Förderung der Spitzenregion, eine Akrotonie. Diese deutliche polare Differenzierung zwischen Sproßbasis mit ihren Kurztrieben einerseits und Sproßspitze und Langtrieben andererseits ist eine Besonderheit der Lebermoose und tritt bei allen Sproßsystemen in Erscheinung (Abb. 5). Zu derselben Ansicht kam schon KREH (1909), der sogar nachwies, daß die einzelne isolierte Zelle bereits polar differenziert ist und im Regenerationsprozeß den apikalen Pol gegenüber dem basalen vorzieht.

Neben solchen Sproßsystemen, die während einer Vegetationsperiode nur einen Seitenast bilden, der dann gleichzeitig zum

Innovationsast wird (Abb. 2, *I* u. *III*), gibt es solche, die bei beginnender Erstarkung in unregelmäßigen Intervallen Seitenäste aussenden (Abb. 2, *II* und Abb. 3, *I—III*). Diese sind an der Basis wiederum deutlich geschwächt und nehmen zur Spitze hin an Größe zu. Hierher gehören viele *Solenostoma-*, *Plectocolea-*, *Nardia-* und *Lophozia*-Arten. In solchen Fällen kann es neben einfacher auch zu doppelter Innovation kommen („caulis sub flore simplice vel geminatim innovatus"). Diese Übergänge zwischen Monochasien und Dichasien sind meist quantitativer Natur und werden sicherlich von optimalen Vegetationsbedingungen beeinflußt.

Der nächste Schritt in der Entwicklung des Sproßsystems erfolgt in der Form, daß die bisher unregelmäßige und zerstreute Beastung in strengem Rhythmus nach links und rechts an den Flanken des Hauptsprosses erfolgt. (Abb. 3, *IV—V*). Die untersten Seitenäste sind ebenfalls nur schwach entwickelt, nehmen dann aber mit beginnendem Erstarkungswachstum des Primärsprosses, das gleichzeitig den Übergang zum Hauptsproß darstellt, in akropetaler Reihenfolge an Größe zu. Mit dem Übergang von der vegetativen zur reproduktiven Phase werden unterhalb der Scheitelzelle ein Seitenast oder deren zwei angelegt, die zunächst während der Wachstumsperiode ebenfalls auf dem Kurztriebstadium stehen bleiben.

Abb. 4.
Ptilidium pulcherrimum.

Mit einsetzender Innovation, d. h. zu Beginn der neuen Vegetationsperiode, zeigen sie allein ein Erstarkungswachstum und werden zu Langtrieben. Ein Beispiel einfacher Innovation bei Fiedersproß-Systemen zeigt z. B. die Gattung *Ptilidium* (Abb. 3, *IV* und Abb. 4). Die Gametangienstände scheinen hier an kurzen Seitenästen zu stehen. Die Verhältnisse an jungen Sprossen zeigen jedoch, daß die Gametangien terminal stehen, nur infolge des Erstarkungswachstums der Innovationsäste — der Hauptsproß erstarkt nicht mehr — zur Seite gedrängt werden. Der Gametangienstand steht also nicht an einem Kurztrieb, sondern terminal an dem jeweiligen relativen Hauptsproß. Die gleichen Verhältnisse mit doppelter Innovation zeigt die Gattung *Trichocolea* (Abb. 3, *V*). Bei ihr handelt es sich keinesfalls um ein Gabelungssystem, sondern um eine rein dichasiale Verzweigung. Die strenge Rhythmik in der Beastung führt zu einer Fiederung, die in ihrer Regelmäßigkeit an die der Farnwedel erinnert.

Abb. 5. Akrotonie bei Sproß-Ast-Systemen. *I Plagiochila asplenioides. II Marsupella sphacelata.*

b) Das monopodiale System.

Unter den foliosen Lebermoosen ist das Monopodium in reiner Ausbildung ziemlich selten. Da die beblätterten Lebermoose im engeren Sinne akrogyn und damit akrokarp sind, ist ihr Wachstum — solange die Gametangien an den Hauptsprossen stehen — begrenzt; die Innovation wird von Seitensprossen übernommen. Das Sproßsystem geht dann von monopodialem zu sympodialem Wuchs über.

Die Bezeichnung akrogyn-akrokarp sagt nichts darüber aus, ob die Gametangien an Haupt- oder Seitensprossen stehen. Dort, wo sie an echten Seitenästen, sog. Gametangialständen stehen, also nicht an der Spitze des Hauptastes, wächst der Hauptsproß mehrere Vegetationsperioden hindurch als Monopodium weiter, stellt aber dann sein Wachstum ein und Seitenäste übernehmen die Innovation. Das Monopodium geht damit zu sympodialem Wuchs über.

Übrigens machen auch die sympodial verzweigten Lebermoose ein monopodiales Stadium durch: das der Primärsproßphase. Die Entstehung und Lokalisierung der Gametangien entscheidet in erster Linie darüber, ob ein System monopodial oder sympodial weiterwächst.

Die einfachsten Sproßsysteme monopodialen Charakters, die in ihrer Organisationshöhe und in der Unregelmäßigkeit ihrer Beastung dem sympodialen Typus der *Lophozien* usw. entsprechen, zeigen die Vertreter der Gattungen *Calypogeia, Chiloscyphus* usw. (Abb. 6, *I* u. *II*). Der Hauptsproß geht ebenfalls durch Erstarkungswachstum aus dem Primärsproß hervor und erneuert das Sproßsystem selbst durch sein Fortwachsen während mehrerer Vegetationsperioden. Die Beastung, sowohl die ventrale *(Calypogeia)* als auch die laterale *(Chiloscyphus)*, entsteht in akropetaler Folge, aber ohne streng-rhythmische Ausgliederung. Erst wenn der Hauptsproß nach mehreren Vegetationsperioden sein Wachstum einstellt, übernehmen die kräftigsten von ihnen die Innovation des Sproßsystems. Diese einfachsten monopodialen Systeme sind noch vollständig undifferenziert und kriechen in der Regel in ihrer Länge auf dem Substrat dahin. Von den Wuchsformen der sympodialen *Sproß-Ast-Systeme* unterscheiden sie sich nur durch die Art der Innovation (Abb. 6, *III* u. *IV*).

Deutliche Übergänge von diesen undifferenzierten *Sproß-Ast-Systemen* zu regelmäßig verzweigten *Fieder-Ast-Systemen* bieten die Gattungen *Frullania* und *Madotheca*. Die Verhältnisse der monopodialen *Fieder-Ast-Systeme* seien an der Gattung *Frullania* erläutert. In den Untergattungen *Galeiloba, Chonanthelia* und *Diastaloba,* sind Vertreter des *Sproß-Ast-Systems* vereinigt, die sich in ihrem Wachstum so verhalten, wie es bereits oben bei *Calypogeia* geschildert worden ist. Insbesondere in den Untergattungen *Chonanthelia* und *Diastaloba* zeigt sich schon neben Andeutungen einer Fiederung eine streng rhythmisch-fiederige Anordnung der Seitenäste, die dann ausschließlich in den Untergattungen *Thyopsiella, Meteoriopsis* und *Homotropantha* vorherrscht.

Bei dem monopodialen *Sproß-Ast-System* der zur Untergattung *Galeiloba* gehörigen *Frullania dilatata* Dum. wird zunächst ein

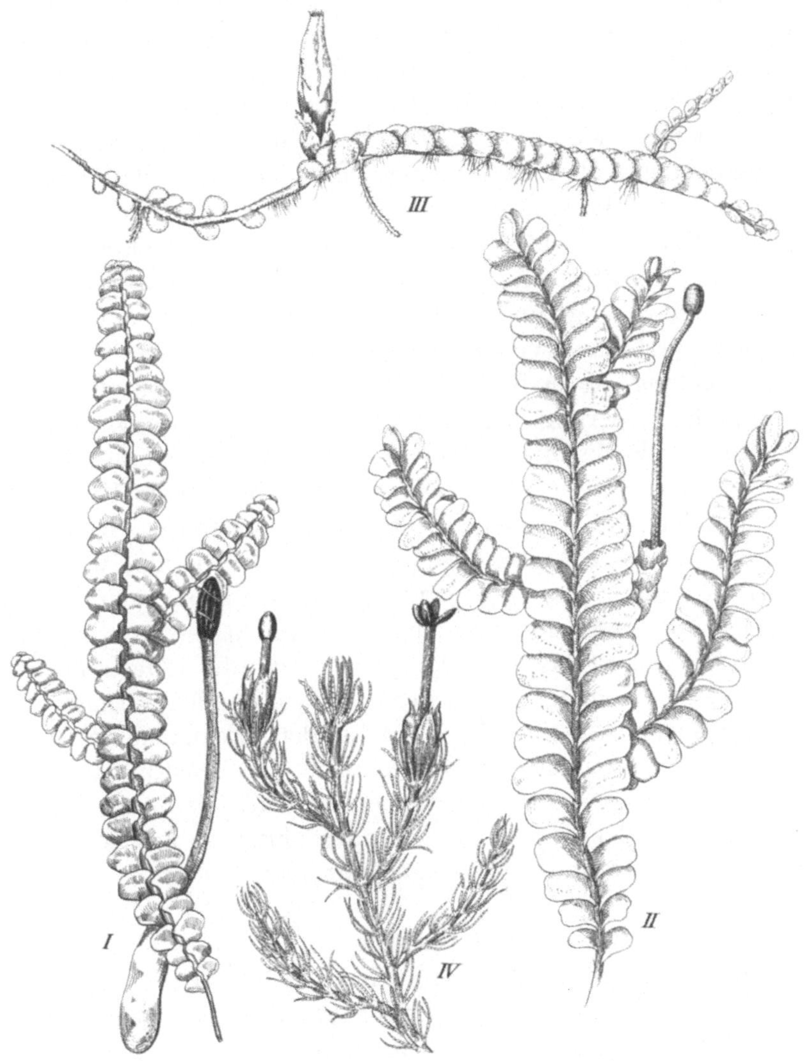

Abb. 6.   Monopodiale Sproß-Ast-Systeme.   *I Calypogeia trichomanis.   II Chiloscyphus polyanthus.   III Odontoschisma Sphagni.   IV Blepharostoma trichophyllum.*

Primärsproß gebildet, der bereits kurz über seiner Basis Seitenäste abgliedert. Diese sind nur schwach und bleiben auf dem Kurztriebstadium stehen. Häufig erreichen sie nur die Größe von Knospen und bleiben dann unentwickelt. Mit zunehmendem Erstarkungswachstum geht der Primärsproß in den Hauptsproß über. Dabei nehmen die Seitenäste spitzenwärts an Größe zu. Mit ausklingender Vegetationsperiode bleiben sie in ihrem Wachstum zurück und werden nicht größer als die basalen Kurztriebe, die erstarkte Phase klingt in eine geschwächte aus. Dieser Vorgang wiederholt sich mehrmals, so daß eine gewisse Rhythmik in der Größe der Beastung und in der Blattfolge eintritt. Hier treten bereits die ersten Andeutungen einer Mesotonie in der Beastung einer Längenperiode auf, die bei den fiederigen Systemen besonders deutlich ausgebildet sind. Stellt der Hauptsproß sein Wachstum ein, erstarken die kräftigsten Kurztriebe — es sind die mittleren einer Längenperiode —, wachsen zu Langtrieben aus und erneuern das Sproßsystem.

Die Arten der Gattung *Thyopsiella*, unter ihnen *Frullania tamarisci* Dum., verhalten sich zunächst wie *Frullania dilatata* Dum. Mit der Ausbildung des ersten Seitenastes beginnt jedoch die streng rhythmische Fiederung, die schon von den *Fieder-Ast-Systemen* der sympodialen Wuchsformen her bekannt sind. Sie entwickeln sich in der gleichen Weise. Auch bei ihnen sind die basalen Kurztriebe nur schwach entwickelt, nehmen aber dann spitzenwärts bedeutend an Größe zu, um mit ausklingender Vegetationsperiode wiederum kleiner zu werden. Im Gegensatz zu den sympodialen *Fieder-Ast-Systemen*, bei denen eine deutliche Akrotonie in der Beastung vorherrscht, die durch das Erstarkungswachstum der jeweils obersten Seitenäste zu Langtrieben und der damit verbundenen Innovation des Sproßsystems bedingt ist, liegt bei den monopodialen *Fieder-Ast-Systemen* eine deutliche Mesotonie in der Beastung vor. Die mittleren Seitenäste einer Längenperiode sind jeweils die kräftigsten, und sie allein wachsen zu Innovationsästen aus, wenn der Hauptsproß nach mehreren Vegetationsperioden sein Wachstum einstellt.

Die bisher besprochenen Wuchsformen zeichnen sich dadurch aus, daß der Hauptsproß der eigentliche Träger des Sproßsystems ist. Im sympodialen System bleibt er jeweils nur eine Vegetationsperiode hindurch erhalten und stellt dann sein Wachstum ein. Die zuletzt angelegten Seitenäste — sie sind gleichzeitig die kräftigsten — erstarken und wachsen zu Langtrieben aus, die den Charakter eines Hauptsprosses haben.

Im monopodialen System bleibt der Hauptsproß mehrere Vegetationsperioden hindurch erhalten. Die einzelnen Wachstumsphasen kommen an ihm in einer deutlichen Rhythmik der Beastung und der Blattfolge zum Ausdruck: zu Beginn der Vegetationsperiode schwache Kurztriebe und Niederblätter, mit Einsetzen des Erstarkungswachstums kräftigere Seitenäste und Übergang der Niederblätter in die Folgeblätter; der Hauptsproß hebt sich bogenförmig vom Substrat ab. Bei ausklingender Vegetationsperiode nehmen die Seitenäste wieder an Größe ab, und die Blätter bleiben auf einem niedrigen Entwicklungsstadium stehen, sie wachsen nicht mehr zu ihrer vollen Größe heran. (Abb. 8, *I*). Das Charakteristikum dieser Wuchsformen ist das Erneuerungswachstum des Hauptsprosses während mehrerer Vegetationsperioden. Erst dann

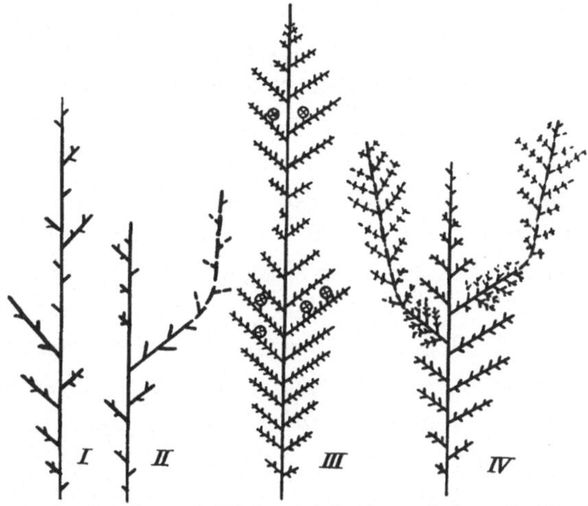

Abb. 7. Monopodiale Sproß- und Fieder-Ast-Systeme (schematisch). *I* Monopodiales Sproß-Ast-System. *II* Übergang vom Monopodium zum Sympodium. *III* Monopodiales Fieder-Ast-System. *IV* Übergang vom Monopodium zum Sympodium.

stellt er sein Wachstum ein und die jeweils kräftigsten Seitenäste übernehmen die Innovation des ganzen Systems. Die Seitenäste des Hauptsprosses, die sich nur durch ihre relative Größe (Kurztriebcharakter) von diesem unterscheiden, sind in der Beblätterung und in der Rhizoidbildung aber durchaus gleichwertig. Derartige Sproßsysteme werden darum als *Sproß-Ast-Systeme* (Abb. 7, *I* u. *II*) bezeichnet. Tritt unter den gleichen Voraussetzungen eine strenge Rhythmik in der Beastung ein, so entsteht das *Fieder-Ast-System* (Abb. 7, *III* u. *IV*). In den sympodialen *Sproß-* und *Fieder-Ast-Systemen* tritt die Polarität in einer akrotonen Förderung der Beastung in Erscheinung, bei den monopodialen *Sproß-* und *Fieder-Ast-Systemen* herrscht eine mesotone Förderung der Seitenäste vor.

Neben diesen klar aufgebauten Sproßsystemen kommen auch abgeleitete Wuchsformen vor, so z. B. die der Gattung *Bazzania* (Abb. 8, *II*). Die außerordentliche Starrheit der Wuchsformen und ihre Gleichmäßigkeit spricht für ein stark abgeleitetes Verhalten. Die in dieser Gattung herrschenden Verhältnisse weichen insofern von den bisher beschriebenen ab, als hier ein sympodiales System vorliegt, bei dem der Hauptsproß aber neben dem Seitenast zu Beginn der neuen Vegetationsperiode nochmals mit erstarkt. Auf Grund der Stellung der Sporogone an ventralen Kurztrieben, die den Flagellen homolog sind, wäre zunächst ein Monopodium zu erwarten. Am Ende der ersten Vegetationsperiode wird ein Seitenast angelegt, der mit Beginn der nächsten Wachstumsphase erstarkt. Dieser Vorgang erstreckt sich aber nicht wie beim Monochasium auf den Seitenast allein, sondern auch auf den Hauptsproß. Durch beiderseitig gleichwertiges Erstarkungswachstum drängt kein Sproß den anderen zur Seite, sondern beide wachsen nebeneinander in Form eines „Gabel"systems fort. Der ursprüngliche Hauptsproß stellt aber sein Wachstum bald ein, so daß der Tochtersproß zum eigentlichen Innovationsast und damit zum Langtrieb wird. Diese seltsamen Verhältnisse beschränken sich nur auf die Gattung *Bazzania* und finden eine Konvergenz in der später zu besprechenden „gabelig" verzweigten Wuchsform vieler thalloser *Jungermaniales*. Während die Bazzanien aber abgeleitete Sympodien darstellen, sind die gabelig verzweigten *Jungermaniales anakrogynae* Monopodien.

An die *Sproß-* und *Fieder-Ast-Systeme* schließen sich schließlich Wuchsformen an, bei denen der Hauptsproß als der eigentliche Träger des Sproßsystems gar nicht mehr in Erscheinung tritt. Die hier herrschenden Verhältnisse stimmen insofern zunächst mit denen der *Sproß-* und *Fieder-Ast-Systeme* überein, als auch hier anfangs ein Primärsproß gebildet wird, der mit Niederblättern besetzt ist und der alsbald sein Wachstum einstellt. Mit Beginn der nächsten Vegetationsperiode erstarkt er selbst und wird dadurch zum Hauptsproß, oder die kräftigsten Seitenäste wachsen zu einem oder mehreren Langtrieben (Hauptsprossen) aus. Diese kriechen zunächst noch dicht dem Substrat aufliegend weiter und erstarken dann. Im Gegensatz zu den *Sproß-* und *Fieder-Ast-Systemen* erstreckt sich das Erstarkungswachstum nur auf die Spitzenregion des Hauptsprosses und auf alle Seitenäste. Die erstarkten Organe richten sich auf und gehen von anfänglich plagiotropem zu orthotropem Wachstum über. Mit zunehmendem Erstarkungswachstum verlieren die geschwächten (plagotriopen) Abschnitte ihre Blätter. Die orthotropen Seitenäste sind völlig rhizoidlos und bestimmen das Erscheinungsbild der Wuchsform gegenüber dem blattlosen rhizomartigen Kriechsproß, der auf seiner Unterseite stark mit Rhizoiden besetzt ist, die ihn im Substrat verankern. Die Seitenäste stellen also die relativen Hauptsprosse dar; sie sind in der Regel die Träger der Gametangien und beschließen durch deren Ausbildung ihr Wachstum. Der Modus der akrotonen Innovation tritt stark in den Hintergrund, statt dessen erfolgt die Erneuerung vorwiegend aus basal angelegten

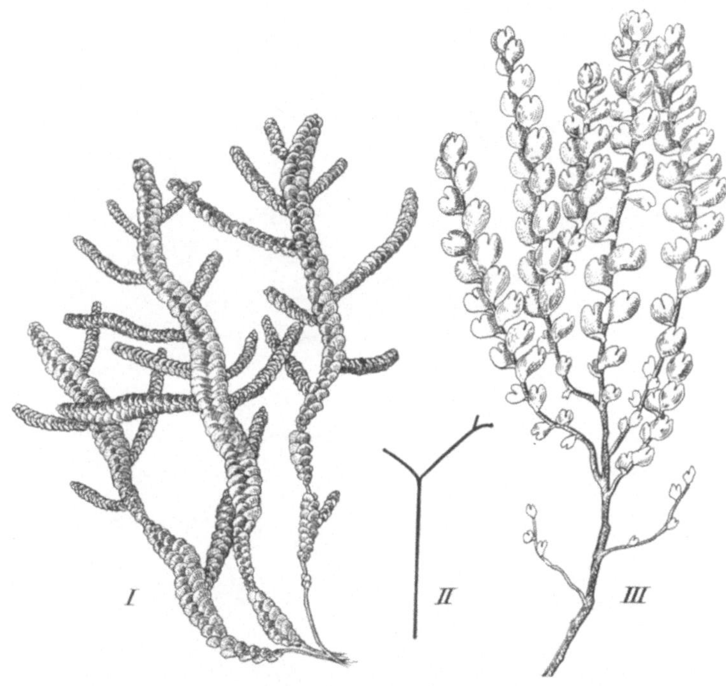

Abb. 8. *I Madotheca levigata:* Rhythmik in Beastung und Blattfolge. *II* Wuchsform von *Bazzania trilobata* (schematisch). *III* Kriechsprozeß-Hauptastsystem von *Marsupella sphacelata.*

Knospen heraus, die bei der Gametangienbildung des Hauptastes zunächst zu Kurztrieben von stolonenartigem Charakter auswachsen, sich nach kurzem, plagiotropem Wachstum aufrichten und zu orthotropem Wuchs übergehen. Mit fortlaufendem Wachstum verlieren auch sie von der Basis her ihre Blätter.

Die Unterschiede zwischen sympodialen und monopodialen Systemen sind hier häufig verwischt, besonders bei älteren Sproßsystemen, da die Gametangien meistens an den kräftigsten Ästen gebildet werden und die „subflorale“, akrotone Innovation durch basitone Erneuerung ersetzt wird. In der Regel wachsen diese Sproßsysteme anfangs monopodial und gehen später durch basale

Sprossung zu sympodialem Wuchs über. In der Aufsicht gesehen geben solche Rasen das Bild vieler, anscheinend isoliert nebeneinander wachsender orthotroper Sprosse, die, von oben nicht sichtbar, an ihrer Basis durch stolonenartige Kriechsprosse miteinander verbunden sind. Charakteristische Vertreter solcher Wuchsformen sind besonders die Arten der Gattungen *Marsupella*, *Gymnomitrium*, *Plagiochila* u. a.

Abb. 9. Fieder-Ast-System mit Stolonenbildung bei *Lepidozia reptans*.

Ähnlich dem Verhalten der *Fieder-Ast-Systeme* treten auch hier die Seitenäste schon am Primärsproß in fiederartiger Rhythmik auf und unterscheiden sich durch nichts von den vollständig plagiotrop wachsenden *Fieder-Ast-Systemen*. Durch Erstarkungswachstum geht der Primärsproß in den Hauptsproß über, der monopodial weiterwächst und an welchem die Seitenäste ebenfalls fiederartig angeordnet sind. In deutlich ausgeprägten monopodialen Systemen stehen an einem kräftigen Hauptast in regelmäßigen Intervallen kurztriebartige Seitenäste. An seiner Basis sind sie nur schwach entwickelt, werden im Verlauf einer Längenperiode größer und kräftiger und nehmen mit ausklingender Wachstumsphase wieder an Größe ab. Mit zunehmendem Erstarkungswachstum verliert die

Sproßbasis wiederum ihre Blätter (Abb. 9). Diese Verhältnisse treten besonders deutlich in den Gattungen *Lepicolea, Lepidolaena, Lepidozia, Madotheca* und vielen *Lejeunea-* und *Bryopteris*-Arten in Erscheinung. Die Verbindung mit dem Substrat ist nur noch an der rhizomartigen Basis des Sproßsystems vorhanden. Sie wird unter dem Einfluß des Erstarkungswachstums spitzenwärts allmählich gelöst, wodurch die Sprosse in sanft aufsteigender Richtung weiterwachsen. In erstarkten Phasen werden gar keine Rhizoiden mehr ausgebildet.

Das Erneuerungswachstum erfolgt nun entweder dadurch, daß der Hauptsproß sein Wachstum wieder aufnimmt, abermals schwache Kurztriebe ausbildet, die dann allmählich an Größe zunehmen und ihrerseits wieder in fiederiger Anordnung Kurztriebe höherer Ordnung ausgliedern (*Lepidolaena magellanica* Schiffner, *L. Taylori* Steph., *L. clavigera* Dum. u. a.). Die Wuchsform ist rein monopodial. In sympodialen Systemen erstarken die kräftigsten Kurztriebe einer Längenperiode; es sind hier jeweils die mittleren, im Gegensatz zu den *Fieder-Ast-Systemen*, zu Langtrieben, die sich weiterhin wie der ursprüngliche Hauptsproß verhalten. Sie erstarken, heben sich vom Substrat ab und wachsen langsam ansteigend weiter. Bei dem Fortwachsen der Innovationsäste in gleicher Richtung erfolgt eine gegenseitige Verwebung durch die Kurztriebe 2. Ordnung zu losen, häufig dachziegelartig geschichteten Moosdecken.

Erfolgt die Entstehung der Seitenäste in unregelmäßigen Intervallen am Kriechsproß, so entstehen die *Kriechsproß-Hauptast-Systeme* (Abb. 8, *III*); erfolgt sie in strenger fiederiger Rhythmik, so werden *Kriechsproß-Fiederast-Systeme* gebildet.

Bei den bisher besprochenen Systemen kann die Polarität vorwiegend in der Größendifferenz der Kurztriebe untereinander zum Ausdruck: an der Basis sind sie kurz und schwach, nehmen dann an Größe zu, um unmittelbar unter der Spitze wieder schwächer zu werden. Bei sehr starren, abgeleiteten Wuchsformen erfolgt an der Basis des Sproßsystems überhaupt keine Ausbildung von Seitenästen mehr; es tritt vielmehr eine extreme akrotone Förderung in der Beastung ein, die dem gesamten Sproßsystem ein bäumchenartiges Aussehen verleiht. In der Jugend machen sie das Stadium eines *Sproß-Ast-Systems* durch und wachsen monopodial, um dann in *Kriechsproß-Hauptast-Typen* überzugehen. Solche Verhältnisse sind z. B. in der Gattung *Lembidium* zu finden. Auf dem *Kriechsproß-Hauptast-Stadium* stehengebliebene Systeme sind

z. B. *Lembidium Boschianum* STEPH., bei dem aber schon in einzelnen Fällen Anklänge an ein *Fieder-Ast-System* anzutreffen sind, wenn auch die Rhythmik in der Beastung nicht so streng ausgebildet ist wie z. B. bei den Frullanien. In der nahe verwandten Gattung *Dendrolembidium* werden die Polaritätsverhältnisse ins Extrem gesteigert, so daß bäumchenartige Wuchsformen herrschen, die denen gewisser *Plagiochila-*, *Bryopteris-* und anderen Arten in ihrem

Abb. 10. Dendroide Wuchsform von *Dendrolembidium tenax* (nach GOEBEL).

morphologischen Aufbau zu gleichen scheinen. Bei *Dendrolembidium dendroides* HERZ. und *D. tenax* HERZ. tritt die Fiederung erst in der extrem erstarkten Phase ein. Sein Sproßsystem wird gebildet von einem plagiotropen Kriechsproß, an dem aufrechte Seitenäste stehen, die an ihrer Basis astlos, in der Spitzenregion regelmäßig fiederig verzweigt sind. Der plagiotrope Sproß sendet flagellenartige Gebilde, die mit Rhizoiden besetzt sind, in das Substrat. Um diese klomplizierte Wuchsform zu verstehen, sei noch einmal an die Verhältnisse eines einfachen monopoidalen Systems vom Typus der *Fieder-Ast-Systeme* erinnert: der Hauptsproß wächst zunächst einige Zeit ohne Innovation und ist regelmäßig fiederig beastet. Im Laufe des Erstarkungswachstums richtet er sich auf und neigt sich mit Ausklang der Vegetationsperiode wieder bogenartig dem Substrat entgegen. Hier ist die Erstarkungsphase nur relativ kurz. Die Verhältnisse bei den *Dendrolembidium*-Arten leiten sich nun insofern von denen der *Fieder-Ast-Systeme* ab, als hier in der schwachen plagiotropen Phase überhaupt keine oder nur schwache hinfällige Kurztriebe ausgebildet werden. Erst mit Abschluß einer Vegetationsphase wird ein Seitenast angelegt, der zunächst noch auf dem Knospenstadium verharrt. Die Beblätterung des Sproßsystems ist schuppenartig reduziert. Mit Beginn des Erstarkungswachstums richtet sich der

Sproß auf und bildet kräftigere Seitenäste in der apikalen Region (akrotone Förderung der Beastung), die in fiederigem Rhythmus angeordnet sind (Abb. 11, *II*). Der Hauptsproß stellt damit sein Wachstum ein, das in eine geschwächte Phase ausklingt. Sie wird ausgedrückt durch schwächere Seitenäste und eine kleinere Beblätterung. Der bei Beginn des Erstarkungswachstums an der Aufrichtungsstelle angelegte Seitenast wächst nun zum Innovationssproß aus, der das gesamte Sproßsystem fortführt. Er wächst

anfangs wieder plagiotrop, legt einen Seitenast an, erstarkt, richtet sich auf und sendet in rhythmischen Intervallen Fiederäste aus. Die aufrecht wachsenden gefiederten Äste von *Dendrolembidium* stellen also jeweils die Endglieder eines sympodialen Systems dar. Die Flagellen entspringen der Sproßunterseite in der gleichen Weise wie die von *Bazzania trilobata* GRAY.

Sehr ähnliche Gestaltungsverhältnisse zeigt die Gattung *Bryopteris*. Von einfachen Kriechsproßsystemen bis zu komplizierten Sympodien, wie etwa den von *Bryopteris filicina* NEES, gibt es sämtliche Übergänge. Letztere

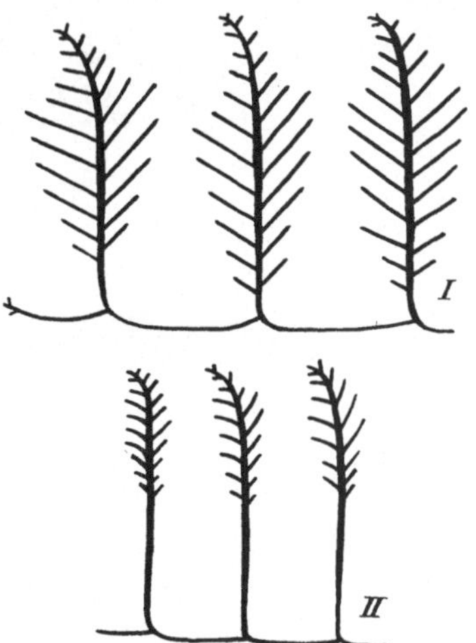

Abb. 11. Dendroide Sympodien (schematisch). *I Bryopteris filicina. II Dendrolembidium tenax.*

Art gleicht in ihrem Aufbau vollständig dem von *Dendrolembidium dendroides* HERZ. oder *D. tenax* HERZ. Neben rein sympodialen Verzweigungsformen treten bei *Bryopteris filicina* NEES gelegentlich zusammen mit diesen, d.h. im gleichen Sproßsystem auch monopodiale Verzweigungen auf. Sie entstehen lateral am Kriechsproß und zwar meistens in der Nähe der Innovationsknospen, die die Fortführung des Sproßsystems übernehmen. Diese Seitensprosse sind von der gleichen Stärke wie der Hauptsproß in seinem erstarkten, orthotrop wachsenden Abschnitt. In solchen Fällen sind monopodiale und sympodiale Verzweigungen in einem Sproßsystem vereinigt.

Bäumchenartige Wuchsformen von vorwiegend monopodialem Charakter sind in der Gattung *Plagiochila* zu beobachten und zwar besonders bei den im Subgenus der *Ramiflorae* zusammengefaßten Arten. Die einfachsten Formen sind nur wenig und sehr unregelmäßig beastet und kriechen regellos am Substrat dahin. Teilweise sind sie „dichotom" verzweigt. Es ist indessen keine echte Dichotomie, sondern eine monochasiale Verzweigung, die dadurch entsteht, daß unmittelbar unter der Spitzenregion ein Seitenast angelegt wird, der nach der Beendigung des Wachstums des Hauptastes erstarkt und die Innovation übernimmt. Dieses Verhalten

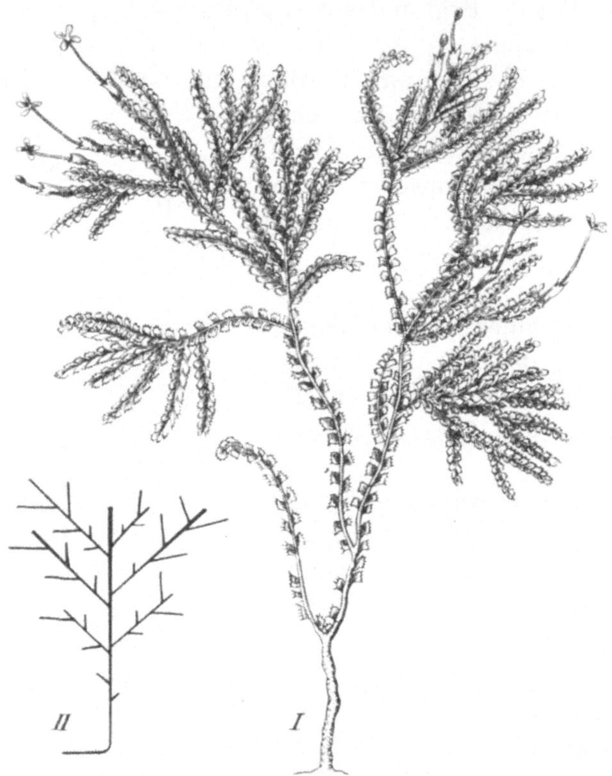

Abb. 12. Dendroide Monopodien. *I Plagiochila gigantea* (nach Schiffner). *II* Wuchsform von *Plagiochila gigantea* (schematisch).

zeigt z. B. *Plagiochila dichotoma* Dum. In der gleichen Weise, wie sie bereits oben bei den *Sproß-* und *Fieder-Ast-Systemen* beschrieben worden ist, tritt innerhalb der Gattung *Plagiochila* in der Sektion der *Cristatae* und in der der *Frondescentes* eine strenge Rhythmik in der Beastung ein, die den Pflanzen einen fiederigen Habitus verleiht. Stark akroton geförderte Systeme, wie sie bei den prächtigsten *Plagiochilen* vorliegen, z. B. *Plagiochila gigantea* Dum., *Pl. flabellata* Steph., *Pl. corymbulosa* Pears., *Pl. tristis* Steph., *Pl. diversifolia* Syn. Hep., *Pl. Pohliana* Steph. wachsen anfangs plagiotrop. Nach einiger Zeit beginnen diese Kriechsprosse zu erstarken und richten sich auf. Wie bei den oben beschriebenen dendroiden Wuchsformen, erfolgt auch hier die Beastung im apikalen Abschnitt der Hauptsprosse (Abb. 12, *II*). Bei besonders kräftigen Exemplaren wird an der Aufrichtungsstelle, d. h. an der Stelle, an der der Sproß vom plagiotropen zum orthotropen Wuchs übergeht, häufig noch ein Seitenast ausgebildet, der anfangs eben falls plagiotrop wächst, alsbald erstarkt und zu orthotropem Wuchs übergeht. Diese Verhältnisse führen auch bei den meisten monopodialen, bäumchenartigen Wuchsformen innerhalb der Gattung *Plagiochila* zu einer Kombination von monopodialen und sympodialen Verzweigungsarten innerhalb des gleichen Sproßsystems.

„Bei vielen *Plagiochila*- und *Bryopteris*-Arten sind die Sprosse in ihrem unteren Teil dem Substrat angeschmiegt und erheben sich in ihrem oberen frei. Ebensowenig wie bei den Entstehungen der Flagellensprosse wissen wir, welche äußeren Faktoren etwa auf die Entstehung dieser Sproßformen von Einfluß sind; wohl aber ist klar, daß die verhältnismäßig bedeutende Größe, welche die Sprosse derartiger Pflanzen erreichen können, eben durch den Besitz dieser Kriechsprosse ermöglicht ist" (GOEBEL 1930, S. 728) (Abb. 11, *I*). Besonders bei den monopodialen, bäumchenartig verzweigten *Plagiochilen*, bei denen gelegentlich auch noch Sympodienbildung am gleichen Sproßsystem auftritt, kommt die Konvergenz in den Gestaltungsverhältnissen zu denen der anschließend zu besprechenden „bäumchenartigen" *Symphyogyna-*, *Pallavicinia-* und *Hymenophytum*-Arten deutlich zum Ausdruck. Wenn diese infolge ihrer anderen Organisation und durch ihre Thallusbildung auch andere Tracht annehmen, so sind sie in ihrer Gestaltung prinzipiell übereinstimmend.

Zusammenfassend kann festgestellt werden, daß bei den beblätterten Lebermoosen die Polaritätsverhältnisse im Sproßaufbau zur Ausbildung von 3 Gestaltungstypen führen:

1. Das *Sproß-* und *Fieder-Ast-System*.

2. Das *Kriechsproß-Hauptast-* und *Kriechsproß-Fieder-Ast-System*.

3. *Das dendroide System*.

Von diesen 3 Typen wird der erste in allen Fällen ausgebildet; er bleibt entweder als charakteristischer Wuchstyp bestehen oder geht in den zweiten über, der in diesen Fällen den spezifischen Gestaltungstyp darstellt. Besonders der zweite ist bei den beblätterten

Lebermoosen weitaus am häufigsten vertreten. Unter Nr. 233a
der „Hepaticae europaeae" von Gottsche und Rabenhorst wird
eine *Jungermania (Diplophyllum) albicans* ausgegeben, in deren
Beschreibung es heißt: „Der Versuch, die Pflanzen von der an-
hängenden Erde zu befreien, belehrt zugleich, daß das, was man
als ‚caulis' anzusehen geneigt ist, nur ‚rami' einer stets fortwach-
senden Pflanze sind, deren Lebensdauer trotz ihrer Zartheit wahrscheinlich sehr groß ist. So ist es meistens bei den *Jungermania-*
Arten; eine zweite Form, ein unterirdischer Wurzelstock, entsteht
durch die Wurzelsprossen, wie bei *Plagiochila*; die Blätter dieses
unterirdischen Wurzelstocks sind aber immer anders gestaltet als
die der aufstrebenden Äste, die Lindenberg... mit dem Namen
‚rami primarii' bezeichnete." Die Beobachtung der morphologischen Verhältnisse war grundsätzlich richtig, wenn auch die Deutung nicht den wirklichen Gegebenheiten entspricht; denn es besteht kein Unterschied zwischen den Verhältnissen „bei den *Junger-*
mania-Arten" und dem „unterirdischen Wurzelstock" bei *Plagio-*
chila, es liegen nur verschiedene Ausbildungsstadien vor.

Diese grundsätzlichen Gestaltungsprinzipien können durch
Außeneinflüsse, durch verschiedene Feuchtigkeits- und Lichtintensi-
täten in ihren polaren Gegensätzen verstärkt oder geschwächt werden, nie wird es aber möglich sein, sie grundsätzlich zu verändern
oder umzukehren in einer Weise, daß die polaren Gegensätze
zwischen plagiotroper Sproßbasis, die mit Niederblättern besetzt
ist (... „die Blätter dieses unterirdischen Wurzelstocks sind immer
anders gestaltet als die der aufstrebenden Äste" [Gottsche-Raben-
horst Nr. 233a]) und orthotroper Sproßspitze, die normal beblättert ist, nicht mehr in Erscheinung treten.

2. Die Polarität bei thallosen Lebermoosen.

a) *Jungermaniales anakrogynae.*

Innerhalb der thallosen *Jungermaniales* wird die Wuchsform
vor allem dadurch in einer Richtung festgelegt, daß die Gametangien niemals terminal stehen und die Scheitelzellen darum niemals zu deren Bildung aufgebraucht werden: dadurch werden in
erster Linie monopodiale Sproßsysteme gebildet. Kommt es bei
einzelnen Arten zu Sympodienbildungen, dann treten diese stets
zusammen mit monopodialen Systemen auf.

Die einzelnen Wuchsformen stellen also besondere Ausbildungs-
formen des Monopodiums dar. Innerhalb dieser Gruppe ist es

besonders die Gattung *Riccardia*, die sich durch eine fast unübersehbare Fülle von Gestaltungsvariationen auszeichnet. HERZOG schreibt in „Geographie der Moose", daß die Gattung *Riccardia* der Proteus unter den Lebermoosen sei und sich immer wieder der ordnenden Hand der Morphologen durch seine Formfülle entziehen würde. Trotz dieses berechtigten Hinweises kann man unter Beachtung der Symmetrieverhältnisse gewisse Entwicklungstypen der *Riccardien* umreißen, von denen jeder einen bestimmten

Abb. 13. Übergang von Sproß- zu Fieder-Ast-Systemen in der Gattung *Metzgeria*.
I Metzgeria furcata. II Metzgeria pubescens. III Metzgeria arborescens.

Formenkreis umschreibt, innerhalb dessen dann das „Gestaltungsthema durchvariiert" wird. Auch für diesen „Proteus" gelten bestimmte Gestaltungsgesetze, die in der Wuchsform zum Ausdruck kommen und die nicht der quantitativen Verschiebbarkeit auf sie einwirkender Außenfaktoren unterliegen oder gar deren Resultat darstellen. Um die Verhältnisse, die innerhalb der Gattung *Riccardia* herrschen, zu verstehen, mögen zuerst die einfachsten Wuchsformen der thallosen *Jungermaniales*, wie sie in der Gattung *Metzgeria* vorliegen, erläutert werden.

Metzgeria furcata LINDBG. (Abb. 13, *I*). Die Entwicklungsgeschichte dieser Art ist von KNY (1863) sorgfältig untersucht und von LEITGEB (1877) ergänzt worden. Wie der Speziesname besagt, ist das Sproßsystem sehr regelmäßig gabelig verzweigt und galt lange Zeit als das Musterbeispiel einer echten Dichotomie. Durch die Untersuchungen KNYS wurde indessen klar, daß keine Isotomie, sondern eine „falsche Dichotomie" vorliegt: der Tochtersproß wird jeweils unmittelbar am Vegetationsscheitel angelegt. Im Verlauf des Wachstums entwickelt er sich sehr schnell, holt den Muttersproß im Wachstum ein und drängt diesen zur Seite. Der Tochtersproß erstarkt nun seinerseits und bildet ebenfalls wieder einen Seitenast, wodurch er seinerseits wieder zu einem relativen Muttersproß wird. Gleichzeitig mit der Erstarkung des Tochtersprosses erstarkt aber auch der ursprüngliche Muttersproß wieder, wodurch beide, Tochter- und Muttersproß, sich in einem einander gleichwertigen Erstarkungswachstum befinden. Von einer ausgeprägten Innovation kann in diesem Falle nicht gesprochen werden, da hier keine Verhältnisse vorliegen, wie sie bei den sympodialen oder monopodialen *Sproß-Ast-Systemen* geschildert worden sind. Diese Verhältnisse erinnern vielmehr an die oben beschriebenen der abgeleiteten Wuchsformen der Gattung *Bazzania*. Während aber die Gattung *Bazzania* einen speziellen Fall des Sympodiums darstellt, liegt bei *Metzgeria furcata* Lindbg. die einfachste Form eines Monopodiums vor. Nach dem gleichen Prinzip wachsen *Metzgeria conjugata* Lindbg., *M. violacea* Dum., *M. dichotoma* Nees u. a. Diese „gabeligen" Sproßsysteme leiten nun zu den fiederigen über, wie sie z.B. in *Metzgeria pubescens* Raddi (Abb. 13, *II*) verwirklicht sind. Bei dieser wird ebenfalls der Seitensproß in der Scheitelregion angelegt, bleibt aber im Wachstum hinter dem des Muttersprosses zurück und auf dem Kurztriebstadium stehen. Meist bringt er selbst noch einmal einen Seitenast zweiter Ordnung hervor und stellt dann sein Wachstum ein. Dadurch, daß der Muttersproß als einziger erstarkt, drückt er im Verlaufe des Wachstums den Tochtersproß zur Seite und zieht sich selbst deutlich als Monopodium durch das gesamte Sproßsystem hindurch. Die in regelmäßigen Abständen ausgegliederten Seitenäste deuten bereits eine Fiederung an. Diese Wuchsformen vermitteln den Übergang zu denen der bolivianischen *Metzgeria filicina* Mitten, *M. Herzogiana* Steph., *M. arborescens* Steph. (Abb. 13, *III*) u. a., die sehr regelmäßig fiederig verzweigt sind. Die Seitenäste entstehen hier auf die gleiche Weise wie bei *Metzgeria furcata* Lindbg. und unterscheiden sich von diesen nur durch den verschiedenen Grad der Erstarkung zwischen Muttersproß und Seitenästen: erstarkt der Seitenast frühzeitig, so vermag der Muttersproß, der ebenfalls mit dem Tochtersproß zusammen erstarkt, letzteren nicht vollständig zur Seite zu drängen; dieser kann seinerseits den Muttersproß im Wachstum einholen.

Es entsteht das „gabelige“ System. Erfolgt dagegen die Erstarkung erst später oder unterbleibt sie gänzlich, so kann der Muttersproß den Tochtersproß zur Seite drängen und allein das gesamte System als Monopodium fortführen: es entsteht ein fiederiges System. Diese Verzweigungsarten haben in der Systematik zu einem einteilenden Prinzip geführt. Man faßt die gabeligen Wuchsformen zu den „*Furcatae*“, die fiederigen zu den „*Pinnatae*“ zusammen.

Wesentlich für das Verständnis der Wuchsformen der Gattung *Riccardia* ist nun das ebenfalls durch die Stellung der anakrogynen Gametangien bedingte Monopodium. Gemäß den nunmehr für die

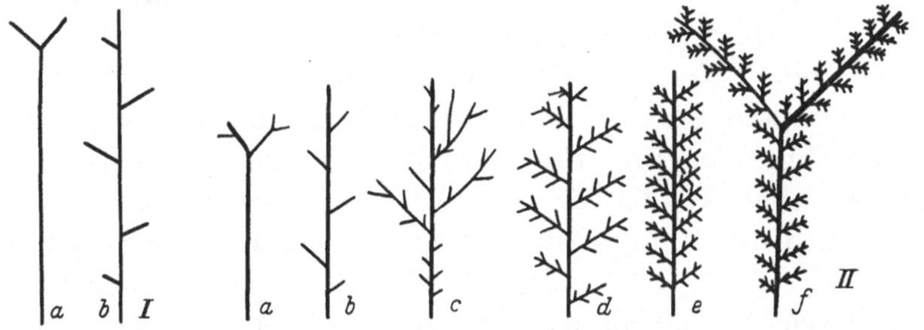

Abb. 14. Übergang von Sproß- zu Fieder-Ast-Systemen (schematisch). *I Metzgeria furcata. II Metzgeria pubescens. II a Riccardia flagellaris; b Riccardia pinguis; c Riccardia sinuata; d Riccardia multifida; e Riccardia spiniloba; f Riccardia nitida.*

Gattung *Metzgeria* geltenden Gesetzen, schließen sich die einfachsten Wuchsformen der Gattung *Riccardia* an, die in ihrer Gestalt Konvergenzerscheinungen zu den *Metzgerien* besonders zu *Metzgeria furcata* Lindbg., *M. conjugata* Lindbg. u. a. darstellen, bedingt durch das gleiche Verhalten in ihrer Entwicklung. Auch hier handelt es sich um eine scheinbare Dichotomie, die dadurch zustande kommt, daß der einzige Seitenast den Hauptsproß im Wachstum einholt und diesem gleichwertig erscheint.

In Übereinstimmung mit den *Metzgeria*-Arten, leiten sich von den „gabelig“ verzweigten *Riccardien* die fiederigen ab — die Erstarkungsverhältnisse sind die gleichen [4] — und zwar die Arten *Riccardia pinguis* Lindbg. und *R. incurvata* Lindbg. Bei diesen ist bereits die Tendenz zur Bildung eines *Sproß-Ast-Systems* zu erkennen, die sich in der seitlichen Verzweigung offeriert. Wie deutlich diese Gegensätze zum Ausdruck kommen, erwähnt K. Müller (1906,

---

[4] Die Erstarkungsverhältnisse sind bei allen *anakrogynen Jungermaniales* die gleichen und damit für sie allgemeingültig. Sie sind bei den *Metzgerien* genau so verwirklicht wie bei den Gattungen *Riccardia, Pellia, Blasia, Pallavicinia, Fossombronia* u. a.

S. 333).   „Man kann zur Unterscheidung steriler Formen der *Aneura (Riccardia) pinguis*, die oft gewissen *Pellia*-Formen täuschend ähnlich sehen, mancherlei Merkmale anführen. So verzweigt sich z. B. die beiderseitig gleichmäßig dunkelgrün gefärbte *Aneura* meist seitlich, während die längs der Mittelrippe fast stets dunkler gefärbte *Pellia* eine gabelige Verzweigung besitzt…‘‘ *Riccardia pinguis* LINDBG. zeigt die gleichen Verhältnisse wie *Metzgeria pubescens* RADDI. Wie letztere zu den streng rhythmisch-fiederig verzweigten *Metzgerien* überleitet, so diese zu den gefiederten *Riccardien* über *Riccardia sinuata* TREV. zu *R. multifida* LINDBG. Zunächst mögen die genauen Verhältnisse der *Riccardia pinguis* LINDBG. (Abb. 15, *I*) geschildert werden.

Die Sprosse sind in der Regel nur wenig verzweigt. Zu Beginn der Vegetationsperiode wächst der Thallus zunächst unverzweigt. Mit zunehmender Erstarkung wird am Vegetationsscheitel ein Seitenast angelegt, der, da er selbst nicht erstarkt, vom Muttersproß zur Seite gedrängt wird. Obwohl *Riccardia pinguis* LINDBG. von allen anderen Verwandten durch den breiteren Thallus habituell abweicht, folgt sie dennoch in jeder Hinsicht in ihrer Entwicklung der der *Metzgeria*-Wuchsformen, deren Sproßsysteme immer einfachste Monopodien darstellen. KNY (1863) betont die Übereinstimmung mit den Wuchsformen der Verwandten: „Trotz der bedeutenden Unterschiede, welche zwischen *Aneura pinguis* und den vorigen Arten im Breitenwachstum der Laubachsen bestehen, scheint sich doch auch hier eine Verzweigung im wesentlichen den oben entwickelten Gesetzen anzuschließen‘‘ (S. 23). Gemeint sind die Gesetze, die die Wuchsformen von *Metzgeria furcata* LINDBG. und *Riccardia sinuata* TREV. bestimmen.

Riccardia sinuata TREV. (Abb. 15, *II*). Diese Art schließt sich unmittelbar an *R. pinguis* LINDBG. an. Die unregelmäßige Fiederung der *R. sinuata* TREV. kommt auf verschiedene Weise zustande. Im wesentlichen schließt sie sich an *Metzgeria pubescens* RADDI an. „Die Verästelung der Laubachse erfolgt bei *Aneura pinnatifida (Riccardia sinuata* TREV.) genau nach demselben Gesetz wie bei *Metzgeria*. Wenn wir nun auch bei *Aneura pinnatifida* von keiner echten Gabelung, sondern von einer normalen Verzweigung im Sinne wie bei höheren Pflanzen sprechen, so erscheint dies schon darum naturgemäßer als bei *Metzgeria*, weil der Unterschied zwischen Haupttrieb und den Seitensprossen hier auch äußerlich in der fiederigen Verästelung hervortritt. Ob es aber

jedesmal der Haupttrieb ist, welchem die deutlichere Entwicklungs-
fähigkeit verbleibt... muß vorläufig dahingestellt bleiben"
(Kny 1863, S. 19). Die fiederige Verzweigung entsteht auf zweierlei
Weise: 1. Wie bei den *Metzgerien*, so wird auch hier an der Scheitel-

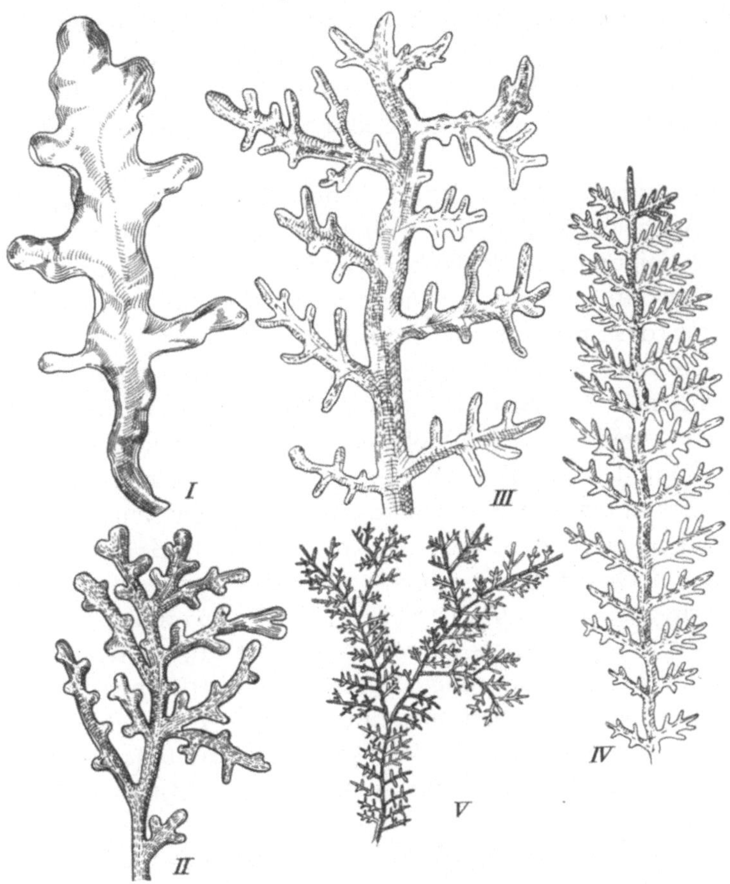

Abb. 15. Wuchsformen der Gattung *Riccardia*. *I Riccardia pinguis. II Riccardia sinuata.
III Riccardia multifida. IV Riccardia spiniloba. V Riccardia nitida.*

region ein Seitenast angelegt, der durch den Muttersproß zur Seite
gedrängt wird. 2. Durch ruhende Knospen, die unter geeigneten
Bedingungen austreiben. Schon Kny (1863) hatte erkannt, daß
der „junge Zweig nicht schon aus einer Randzelle des zweiten,
sondern eines nächsthöheren Grades seinen Ursprung nimmt, ohne
daß er sich in seiner Gestalt von einem in normaler Weise entstandenen Sproß unterscheide" (S. 19). Diese Seitenäste unterscheiden
sich jedoch insofern von den normal entstandenen, als sie nie

erstarken, also im Wachstum immer hinter denen aus der Scheitelregion ausgezweigten zurückbleiben. Teilweise bleiben sie so klein,
daß nicht zu erkennen ist, ob es sich bereits um einen Seitenast
oder noch um eine Knospe handelt. Erst nach einer Dekapitierung
desMuttersprosses erstarken die durch Endverzweigung entstandenen
Seitenäste zu relativen Hauptästen und die aus den Knospen her-
vorgegangenen werden zu Seitenästen erster Ordnung. Der Muttersproß bleibt unter normalen Bedingungen immer als solcher erhalten.

Riccardia multifida LINDBG. (Abb. 15, *III*). Die Wuchsformen
dieser Art zeichnen sich durch eine viel größere Regelmäßigkeit in
der Verzweigung aus, als das bei den bisher beschriebenen *Riccardia*-
Arten der Fall war. Die ruhenden Knospen kommen nicht zur Entwicklung, das Sproßsystem wird nur vom Muttersproß und von den
am Vegetationsscheitel angelegten Seitensprossen gebildet, die in
rhythmischen Intervallen fiederig ausgezweigt werden und die
ihrerseits wieder Fiedern höherer Ordnung bilden können. Die
Innovation des Sproßsystems erfolgt wie bei den vorigen Arten
durch Erstarken des Muttersprosses und durch seine Innovation
während mehrerer Vegetationsperioden. Die im *Sproß-Ast-System*
zunächst noch völlig unregelmäßige Beastung geht nunmehr in das
streng rhythmisch gegliederte *Fieder-Ast-System* über. Der Hauptsproß wächst immer als Monopodium fort und bildet „Fiedern"
erster und höherer Ordnung. Derartige Wuchsformen sind besonders unter den tropischen und subtropischen Arten sehr verbreitet,
und sie variieren das *Fieder-Ast-System* auf mannigfache Weise, jedoch immer in den durch die Symmetrieverhältnisse festgelegten
Grenzen.

Die Wuchsformen der *Sproß-* und *Fieder-Ast-Systeme* der *Riccardien* stimmen mit denen der *Metzgerien* vollkommen überein;
wenngleich die *Riccardien* untereinander sehr viel mannigfaltiger
sind, so leiten sie sich doch von jenen einfachen *Metzgeria*-Ver-
hältnissen ab. Schon LEITGEB erkannte das grundsätzlich: „Alle
Aneuren folgen in bezug auf Anlage durch Endverzweigung entstandenen Sprosse durchaus der Gattung *Metzgeria*" (S. 41, 1877).

Ähnlich wie bei den beblätterten Lebermoosen so setzt nun auch
bei der Gattung *Riccardia* eine strengere Differenzierung des Sproßsystems durch Förderung des akroskopen Sproßabschnittes gegenüber dem basalen ein, ein Vorgang, der zur „Arbeitsteilung"
(GOEBEL 1930) der Sproßorgane führt, d. h. der gesamte Sproß

wird in einen Abschnitt, der dem Substrat anhaftet (Kriechsproß oder „Rhizom"), und einen, der vom Substrat absteht und Kurztriebe in fiederiger Rhythmik aussendet, differenziert. Charakteristische Vertreter dieser Wuchsformen sind z. B. *Riccardia palmata* Lindbg. (Abb. 16, *I* u. *II*), *R. bogotensis* (Steph.) (Abb. 16, *III*),

Abb. 16. Übergang zu dendroiden Wuchsformen in der Gattung *Riccardia*. *I Riccardia palmata* (steril). *II Riccardia palmata* (fertil). *III Riccardia bogotensis* (nach Goebel). *IV Riccardia Negeri* (nach Herzog). *V Riccardia prehensilis* (nach Herzog). *VI Riccardia eriocaulis* (nach Goebel).

R. Negeri (Steph.) (Abb. 16, *IV*) u. a. Dieser Vorgang der polaren Differenzierung möge an *Riccardia palmata* Lindbg. genauer erläutert werden: Es entwickelt sich zunächst ein schmal bandförmiger, fast unverzweigter Thallus, der dem Substrat fest anhaftet. Mit beginnender Erstarkung werden von der Scheitelzelle in regelmäßigen Intervallen Seitenäste abgegliedert, die regelmäßig fiederig angeordnet sind und die zu sterilen Kurztrieben auswachsen (Abb. 16, *I*). Gleichzeitig richtet sich, eben als Folge der Erstarkung, der gesamte apikale Sproßabschnitt auf. Zu Beginn der reproduktiven

Phase verlangsamt der Hauptsproß sein Wachstum, die Seitenäste holen ihn im Wachstum ein, und es entsteht jener charakteristische handförmige Habitus, welchem diese Art ihren Namen verdankt (Abb. 16, *II*). Mit beginnender Innovation erstarkt der Hauptsproß, eilt in seinem Wachstum dem der Seitenäste voraus und verzweigt sich wiederum normal fiederig. Die einzelnen Wachstumsphasen sind scharf abgesetzt, indem die Seitenäste von der Basis nach der Sproßspitze zu an Größe abnehmen. Bei Eintritt in die reproduktive Phase verlangsamt der Hauptsproß wiederum sein Wachs-

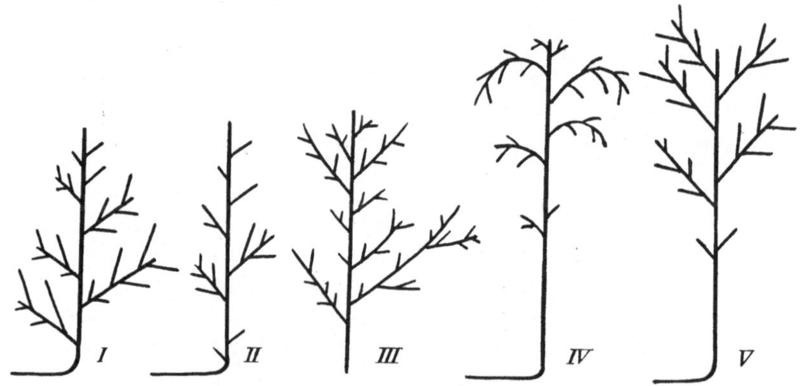

Abb. 17. Dendroide Wuchsformen der Gattung *Riccardia* (schematisch). *I Riccardia palmata. II Riccardia bogotensis. III Riccardia Negeri. IV Riccardia prehensilis. V Riccardia eriocaulis.*

tum, und die jeweils jüngst ausgebildeten Seitenäste holen den Hauptsproß wieder ein. Wie die Fiederäste erster Ordnung verhalten sich auch die zweiter Ordnung. Auch sie werden in akropetaler Reihenfolge ausgegliedert; sie sind an der Basis größer als die nächst der Spitze gelegenen. Trotz der bedeutenden Größendifferenz der basalen und apikalen Seitenäste ist die Basitonie nur eine scheinbare, denn die basalen Seitenäste sind in Wirklichkeit eine Vegetationsphase vorher angelegt worden und haben gegenüber den spitzenwärts angelegten Kurztrieben jeweils den Vorsprung einer ganzen Vegetationsperiode. Der Unterschied zwischen der palmaten und der fiederigen Wuchsform besteht in dem strengen Rhythmus zwischen reproduktiver und vegetativer Phase.

Von diesen Verhältnissen leiten sich nun diejenigen Wuchsformen ab, die zu den schönsten der Gattung *Riccardia* gehören, die dendroiden Formen, deren Vertreter *Riccardia prehensilis* Massal. (Abb. 16, *V*), *R. tamariscina* (Steph.), *R. eriocaula* Massal.

(Abb. 16, *VI*), *R. hymenophylloides* SCHIFFNER, sind. Akrotone Förderung in der Beastung führt auch hier zu bäumchenförmigem Wuchs.

Die Gestaltungsverhältnisse der *Metzgerien* und *Riccardien* wiederholen sich im wesentlichen innerhalb der Gattungen *Moerckia*, *Symphyogyna*, *Pallavicinia* und *Hymenophytum*. Mit Ausnahme der Gattung *Moerckia* zeigen alle anderen Gattungen zwei, bei *Symphyogyna* drei, habituell scharf voneinander getrennteWuchstypen, die in ihren longitudinalen Symmetrieverhältnissen zu ausgeprägten Konvergenzerscheinungen führen. Die einfachsten Systeme sind auch hier wieder die *Sproß-Ast-Systeme*, die in der Gattung *Moerckia* durch *Moerckia hibernica* GOTTSCHE, *M. Blyttii* BROCK., in der Gattung *Symphyogyna* durch *Symphyogyna brasiliensis* NEES, *S. interrupta* CARR. et PEARS., *S. circinata* MONT. et

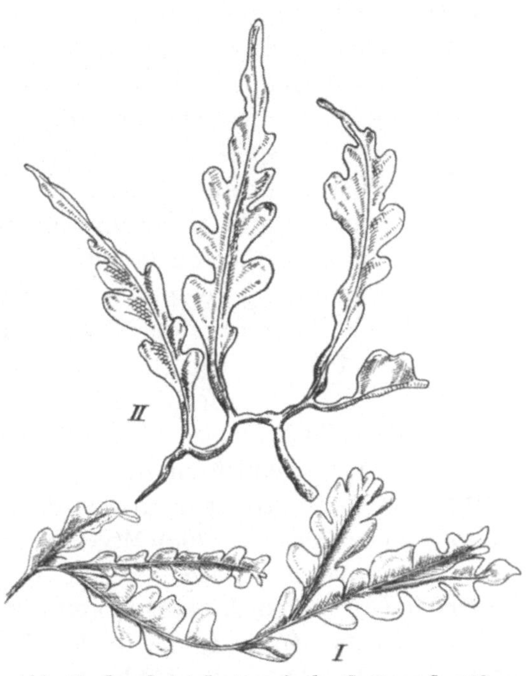

Abb. 18. Sproß-Ast-Systeme in der Gattung *Symphyogyna* (nach GOEBEL). *I Symphyogyna Brogniartii. II Symphyogyna sinuata.*

NEES, in der Gattung *Pallavicinia* durch *P. Lyellii* GRAY, *P. xiphoides* STEPH. und in der Gattung *Hymenophytum* durch *Hymenophytum Phyllanthus* DUM. und *H. malaccense* STEPH. vertreten werden.

Innerhalb dieser *Sproß-Ast-Systeme* kommen nun alle Übergänge von einfachsten bis zu streng fiederig verzweigten Wuchsformen vor, an deren Ausbildung sowohl Endverzweigung als auch interkalare Astbildung beteiligt sind.

Den Übergang von den *Sproß-Ast-Systemen* zu den extrem polar differenzierten *dendroiden Systemen* bilden insbesondere *Symphyogyna*-Arten: *S. Brogniartii* MONT. (Abb. 18,*I*), *S. Hochstetterii* MONT. et NEES, *S. sinuata* MONT. et NEES (Abb. 18, *II*). Während bei *S.*

brasiliensis NEES, *S. interrupta* CARR. et PEARS. u. a. der Thallus in seiner Gesamtheit dem Substrat aufliegt, bildet z. B. *S. sinuata* MONT. et NEES zuerst einen Kriechsproß, der im Laufe seines Wachstums erstarkt und sich vom Substrat aufrichtet. Damit parallel verläuft die Ausgliederung der Thallusflügel in blattähnliche Lappen, die auf dem Stadium der größten Erstarkung am breitesten sind, mit ausklingender Vegetationsphase schmaler werden und eine flagellenähnliche Gestalt annehmen. Bis zu diesem Stadium ist der Hauptsproß als Monopodium gewachsen. Eine am Aufrichtungspunkt des Sprosses (der Aufrichtungspunkt ist die Stelle, an der der Sproß vom plagiotropen Wachstum zum orthotropen Wachstum übergeht) gelegene Knospe wächst zum Innovationsast aus, erstarkt wiederum und geht damit von anfänglich plagiotropem zu orthotropem Wuchs über. Als sichtbarer Ausdruck der Erstarkung beginnt neben der Aufrichtung des Sproßsystems die Verbreiterung der Thallusflügel. Das gesamte Sproßsystem wächst nun in der gleichen Weise wie es bereits oben für *Dendrolembidium*-Arten festgestellt worden ist. Diese Verhältnisse leiten zu den Wuchsformen über, bei denen die Ausgliederung der Seitenäste ausschließlich in die Spitzenregion des Sproßsystems verlagert wird. Vertreter derartiger dendroider Wuchsformen sind *Symphyogyna hymenophyllum* MONT. et NEES (Abb. 19, *III*), *S. stipitata* STEPH. und *S. obovata* TAYLOR, in der Gattung *Pallavicinia* die Arten *P. Wallisii* JACK et STEPH., *P. Stephanii* JACK und *P. decipiens* STEPH. (Abb. 19, *I*), in der Gattung *Hymenophytum* die Arten *H. flabellatum* DUM. (Abb. 19, *II*) und *H. leptopodum* DUM. Sie unterscheiden sich von den Verhältnissen bei *Symphyogyna sinuata* MONT. et NEES dadurch, daß selbst zu Beginn der Erstarkung noch keine Thallusflügel ausgebildet werden und erst infolge der extremen akrotonen Förderung die Bildung der Seitenäste und die der Thallusflügel in die Spitzenregion verlagert wird.

Diese Gestaltungsverhältnisse führen zu Konvergenzerscheinungen — GOEBEL nennt sie Parallelformen — die sich nicht allein auf die thallosen *Jungermaniales* erstrecken, sondern die bei den foliosen ebenso verwirklicht sind, besonders deutlich bei *Plagiochila*-Arten: *P. flabellata* STEPH., *P. gigantea* DUM., *P. natalensis* PEARS., *P. corymbulosa* PEARS. u. a.

Wir haben hier einen morphologischen Parallelismus vor uns, der in der Übereinstimmung der Gestaltungsverhältnisse begründet liegt und durch sie zu einer homologen Konvergenz führt (Abb. 12, *II*, Abb. 17, *IV* u. *V*, Abb. 19). Wenn unter der morphologischen Gestalt auch ein genotypischer Parallelismus versteckt sein mag — die Annahme eines solchen ist bei nahe verwandten Arten, eventuell auch Gattungen, besonders wahrscheinlich —, so schließt er bei der Konvergenz systematisch weitentfernter Arten jedenfalls aus. Die

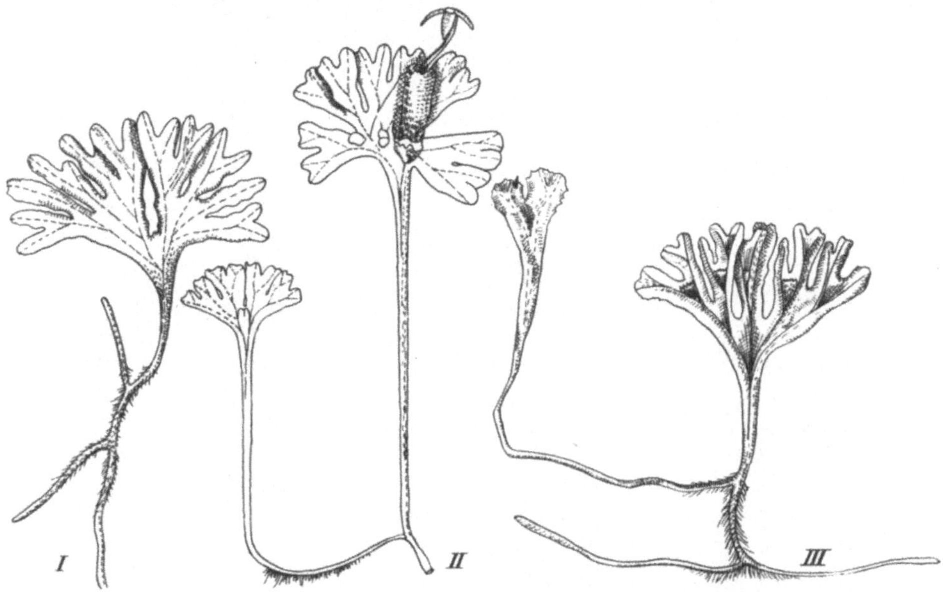

Abb. 19. Dendroide Systeme (Konvergenzen). *I Pallavicinia decipiens. II Hymenophytum flabellatum. III Symphyogyna hymenophyllum* (nach GOEBEL).

morphologische Konvergenz entzieht sich vielmehr jeder kausalen Deutung und damit der Anpassung an Umwelteinflüsse als ökologischer Parallelismus oder analoge Konvergenz.

b) Anthocerotales.

Die Wuchsformen der *Anthoceros*-Arten werden in erster Linie von ihrer Lebensdauer bestimmt. Unter diesen Umständen kommen nur die mehrjährigen Arten zu einer vollständigen Ausbildung ihrer Wuchsform. An ihnen tritt dann die Polarität zwischen Sproßbasis und -spitze bzw. zwischen Thallusbasis und -spitze deutlich in Erscheinung. Bei den annuellen Arten stellen die Thalli einfache undifferenzierte Vegetationskörper dar. Die mehrjährigen zeichnen sich durch eine deutlichere Gliederung der Spitzenregion gegenüber der basalen aus. Bei den undifferenzierten *Anthoceros*-Arten erscheint die Polarität lediglich als Aufschlitzung der apikalen Thallusränder, die besonders deutlich bei *Anthoceros fimbriatus* GOTTSCHE (Abb. 20, *I*) *A. Husnoti* STEPH. und *A. multifidus* SCHM. u. a. in Erscheinung tritt. Die zunächst noch unregelmäßige Aus-

Abb. 20. *I* Symmetrieverhältnisse bei *Anthoceros fimbriatus* (nach GOEBEL). *II* Symmetrieverhältnisse bei *Anthoceros pinnatus*. *III Haplomitrium Hookeri.*

gliederung der Marginallappen gleitet dann allmählich in eine streng fiederige Anordnung über z. B. bei *Anthoceros pinnatus* STEPH. (Abb. 20, *II*) und *A. pichinchensis* SPR. Die spitzenwärts gelegenen Fiederlappen erfahren nochmals eine Aufgliederung, so daß Wuchsformen entstehen, wie sie bei *Anthoceros myriandroceus* STEPH. und *A. subtilis* STEPH. verwirklicht sind.

Das Prinzip der fiederigen Ausgestaltung des Thallus ist dann in der nächst verwandten Gattung *Dendroceros* streng durchgeführt. Die Entwicklungsreihe der Wuchsformen nimmt hier ihren Ausgang von unregelmäßig „verzweigten" Arten z. B. *Dendroceros acutilobus* STEPH., *D. javanicus* STEPH. u. a. und geht dann allmählich in streng rhythmisch gefiederte Formen über: *Dendroceros tahitensis* ÅNGSTR., *D. rugulosus* STEPH., *D. crassicostatus* STEPH., *D. exalatus* STEPH. u. a.

Unter gänzlich anderen Organisationsverhältnissen führen auch die Wuchsformen der *Anthocerotales* von gänzlich undifferenzierten Thallusformen zu streng fiederig ausgebildeten, die oft bei besonders kleinen Arten habituell Konvergenzerscheinungen zu anderen thallosen Lebermoosen bilden.

c) Marchantiales.

Die Wuchsformen der *Marchantiales* sens. lat. (bzw. der *Riccioideae*), sind außerordentlich einförmig. Die Polaritätsverhältnisse drücken sich lediglich in einer rhythmischen Wiederholung der Thallusverbreiterung von der Basis zur Spitze hin aus. Darin kommen die einzelnen Längenperioden der Vegetationsphasen zum Ausdruck: zu Beginn der Wachstumsperiode ist der Thallus schmal und wird allmählich spitzenwärts verbreitert. Dieser Vorgang ist Ausdruck des Erstarkungswachstums, das zu einer „Verdoppelung der Substanz" führt und die Voraussetzung ist für jede echte dichotome Verzweigung. Das Erneuerungswachstum des Thallus erfolgt immer aus der Dichotomie heraus.

3. Die Lokalisierung der Rhizoiden am Sproß.

Die Entstehungsweise der Rhizoiden am Sproß ist besonders durch LEITGEB (1874—1881) genau untersucht worden, so daß hier nicht näher darauf eingegangen zu werden braucht. In diesem Zusammenhang interessiert es vor allem, ob und inwieweit die Rhizoiden und ihre Lokalisierung am Sproß mit den allgemeinen Gestaltungs- und Polaritätsverhältnissen zusammenhängen. Bei denjenigen Sproßsystemen, die ihrer ganzen Länge nach dicht dem Substrat angeschmiegt sind, finden sich die Rhizoiden über die ganze Sproßunterseite verteilt. Bei derartigen Systemen bleibt dieser Zustand dauernd erhalten, lediglich in vorübergehend erstarkten Abschnitten erhebt sich der Sproß vom Substrat ab und ist dann rhizoidlos, um mit ausklingender Phase sich wieder dem Substrat zuzuneigen und an der Spitze zu „wurzeln". Typische Beispiele für bogiges Wachstum sind *Lophocolea-, Odontoschisma-* und *Calypogeia-*Arten. Die letzteren zeigen noch eine andere Erscheinung, die bei *Lepidozia-*Arten wiederkehrt und die im Zusammenhang mit der Blattfolge schon besprochen wurde: mit ausklingender Vegetationsphase laufen die Seitenäste in verschmälerte

Flagellen aus, gehen vom erstarkten Zustand wieder in den geschwächten zurück und bilden dann an der Spitze reichlich Rhizoiden. Das bogige Wachstum an der Sproßspitze ist für einige Arten typisch. Neben den bereits erwähnten *Calypogeia*- und *Odontoschisma*-Arten tritt die Erscheinung des bogigen Wachstums besonders noch bei *Lophocolea*- und *Marsupidium*-Arten, *Adelanthus decipiens* Mitt. u. a. auf.

Tritt nun noch die schon mehrfach erwähnte polare Differenzierung ein (das bogige Wachstum ist in seiner ansteigenden Phase bereits eine Andeutung der polaren Differenzierung), d. h., erstarken die Sprosse, so daß sie sich vom Substrat aufrichten und aufsteigen oder vollständig aufwärts wachsen (besonders bei *Kriechsproß-Hauptast-Systemen*), so werden an diesen Hauptästen überhaupt keine Rhizoiden mehr gebildet. Besonders deutlich treten derartige Verhältnisse bei den dendroiden Wuchsformen auf. Der basale Teil, der in der Regel dem Substrat aufliegt, ist stark mit Rhizoiden besetzt, die aufstrebenden Äste sind vollständig frei von ihnen. (Innerhalb der *Kriechsproß - Hauptast - Systeme* zeigen *Gymnomitrium*- und *Marsupella*-Arten diese Verhältnisse sehr deutlich, bei den dendroiden Wuchsformen sind es insbesondere die *Plagiochila*- und *Dendrolembidium*-Arten, unter den thallosen *Jungermaniales Riccardia*- und die schon erwähnten dendroiden *Hymenophytum*-, *Symphyogyna*- und *Pallavicinia*-Arten.)

Für die Verteilung der Rhizoiden am Sproß gilt also, daß an schwachen, undifferenzierten *Sproß-Ast*- oder *Kriechsproß-Systemen* und in ausklingenden Vegetationsphasen starke Rhizoidbildung herrscht, in erstarkten, aufrecht wachsenden Sproßsystemen oder in vorübergehenden Erstarkungsphasen, die durch bogenförmiges Wachstum ausgezeichnet sind, keine Rhizoiden ausgebildet werden.

Ein weiterer Ausdruck der longitudinalen Symmetrie sind

4. Die Blattfolge am Sproß bzw. die Größendifferenz der Thallusflügel zwischen Sproßbasis und Sproßspitze.

Wie bei den höheren Pflanzen, so tritt auch bei den beblätterten Lebermoosen eine deutliche „Blattfolge" in Erscheinung: an der Sproßbasis kleine Blätter, die oft nur schuppenartigen Charakter haben, so daß die Sprosse später blattlos erscheinen und ein „rhizomartiges" Aussehen annehmen. „Die Blätter, die an ihnen stehen, sind aber sicher umgebildete (meist nur gehemmte) Laubblätter..." (GOEBEL 1930, S. 728), die dann in Richtung auf die Sproßspitze hin mit zunehmender Erstarkung des Sproßsystems allmählich an Größe zunehmen, zu den eigentlichen Laubblättern heranwachsen und die art- oder gattungsspezifische Gestalt annehmen. An fertilen Sprossen gehen diese „Folgeblätter" unmittelbar in die „Hochblätter" über. In den meisten Fällen weichen diese in ihrer Gestalt wesentlich von den Laubblättern ab in der Weise, daß sie noch größer und durch tiefe Zerteilung, Zähnung oder Wimperung noch feiner differenziert sind. In einer derartigen Blattfolge, wie sie für die meisten beblätterten Lebermoose typisch ist, tritt, wie in der Beastung, der polare Gegensatz zwischen der Sproßbasis und der Sproßspitze deutlich in Erscheinung. Abweichende Verhältnisse herrschen bei einigen *Marsupellen* und *Gymnomitrien*. Bei ihnen sind die Größenunterschiede zwischen Nieder- und Folgeblättern so bedeutend, daß die Sprosse gegen ihre Spitze zu ein keuliges Aussehen erhalten. Wenn bei ihnen an vegetativen Sprossen auch keine Hochblätter vorhanden sind, so wird die Polarität in der Beblätterung mit dem Ausklingen der Vegetationsphase nicht aufgelöst, sondern bleibt dauernd erhalten. Meist stellen diese Äste ihr Wachstum überhaupt ein, und basalwärts gelegene Knospen wachsen zu Innovationsästen aus. Bei den *Marsupellen* und *Gymnomitrien* tritt die bei nahezu allen beblätterten Lebermoosen vorherrschende akrotone geförderte Innovation in den Hintergrund. Die Sproßsysteme werden aus basalwärts gelegenen „Knospen" heraus erneuert.

Bei vegetativ wachsenden Sproßsystemen ist die Blattfolge meistens weniger deutlich, denn eine eigentliche Hochblattregion wird nicht gebildet. Die auf die Niederblätter folgenden eigentlichen Laubblätter nehmen zur Spitze hin wieder an Größe ab. Stellt dann der Hauptsproß sein Wachstum ein, als Ausdruck der ausklingenden Vegetationsphase, so nehmen auch die Blätter an Größe wieder ab. Dieselben Verhältnisse zeigen jene Seitenäste, die zu Flagellen auswachsen: *Lepidozia* spec. (Abb. 9), *Calypogeia* spec., *Lepicolea* spec. u. a. An der Basis des Seitensprosses stehen ebenfalls Niederblätter, die im Laufe der Erstarkung an Größe zunehmen und mit dem Ausklingen der Erstarkungsphase wieder kleiner werden. Mit ausklingender Phase werden auch wieder Rhizoiden gebildet; der Seitenast geht damit in einen Stolo über, der sich vom Sproßsystem lösen kann und zu einer neuen Pflanze auswächst.

Anders liegen die Verhältnisse bei den Ventralflagellen. An ihnen ist keine Blattfolge zu erkennen, vielmehr sind sie ihrer ganzen Länge nach mit Niederblättern besetzt. Man könnte also zunächst daran denken, daß es sich hier um Organe handelt, die nicht den Gesetzen der Blattfolge unterliegen. Indessen gelingt es, durch Dekapitierung der Tragsproßspitze das Flagellum zu einem normalen Sproß auswachsen zu lassen. Dabei gehen die Niederblätter in normale Laubblätter über.

Ähnlich wie auf die Blattfolge wirkt sich die Polarität auf die Größenverhältnisse des Thallus, seine unterschiedliche Breite zwischen Basis und Spitze, aus. In schwachen Phasen ist der Thallus nur schmal, oder er besteht nur aus der Mittelrippe. Mit zunehmender Erstarkung verbreitert er sich und wächst zu seiner definitiven Größe heran. Anschaulich werden diese Verhältnisse von *Hymenophytum flabellatum* Dum., *Pallavicinia decipiens* Steph. und *Symphyogyna hymenophyllum* Mont. et Nees demonstriert (Abb. 19). Mit Beginn der Vegetationsperiode beginnt der Thallus auf dem Substrat voran zu wachsen; er ist schmal und an seiner Basis fast radiär und besteht fast nur aus seiner Mittelrippe. Mit zunehmender Erstarkung richtet er sich auf und verbreitert sich deutlich flügelartig. Bei den undifferenzierten *Sproß-Ast-Systemen* der thallosen *Jungermaniales* klingt dann die Vegetationsperiode wiederum in eine Verschmälerung des Thallus aus, oft werden die Flügel wieder reduziert und der Sproß wird nur noch von der Mittelrippe gebildet.

III. Die laterale Symmetrie.

„Die Unterschiede zwischen den einzelnen Symmetrieformen kommen am besten auf Querschnitten durch Sproßachsen zum Ausdruck" (Rauh 1950, S. 48), und zwar in ihrem radiären, bilateralen oder dorsiventralen Bau. Mit ihr ist die Stellung der Seitenäste, der Blätter und der Rhizoiden auf das engste verknüpft. Je nach den Symmetrieverhältnissen tritt also eine radiäre, epitone, amphitone oder hypotone Förderung der Sproßachse ein. Meusel (1935) hat für die Laubmoose nachgewiesen, daß „wir bei sehr vielen Moosen, vor allem bei den orthotropen Formen, ausgesprochen radiäre Beblätterung treffen..., meist jedoch dorsiventrale Beblätterung, mit dorsiventralem Sproßaufbau in Beziehung steht" (S. 239). Dabei stützt er sich auf eigene Untersuchungen, vor allem aber auf Goebel (1906, 1930) und Giesenhagen (1910). In Anlehnung an die Goebelsche Darstellung unter-

scheidet MEUSEL „amphitrophe, epitrophe und hypotrophe Förderung der Blattbildung am Stämmchen, Verhältnisse, die wir in
der Anlegung der Seitenäste in gleicher Weise wiederfinden werden".

Von diesen Verhältnissen weicht der Sproßaufbau der beblätterten Lebermoose wesentlich ab. Eine später zu behandelnde Ausnahme bilden die *Haplomitriaceae*. Zwar ist das Sproßsystem in
seiner Gesamtheit dorsiventral gebaut, die Sproßachsen indessen
nicht immer; der Querschnitt durch die Sproßachsen zeigt indessen
häufig radiären Bau. (Die Dorsiventralität mag aber latent vorhanden sein.) Dennoch stehen in diesem Falle die Blätter an den
Flanken und auf der Ventralseite als Amphigastrien, sind also nicht
rund um den Sproß herum angeordnet und dann sekundär verflacht,
wie bei vielen plagiotrop wachsenden Laubmoosen, deren Sproßachsen
auf der Dorsalseite Blattzeilen tragen. Sämtliche beblätterten Lebermoose wachsen, soweit bekannt ist mit Ausnahme der Gattung *Pleu-
rozia*, mit einer dreiseitig-pyramidalen Scheitelzelle. Durch ihre
Lage und Gestalt ist die Dorsiventralität bereits gegeben. Ihrer Um-
laufspirale entsprechend gliedert die Scheitelzelle nach unten und
nach beiden Seiten Segmente ab, aus denen sich der beblätterte
Sproß samt seinen Seitenästen aufbaut. Die deutliche Bevor-
zugung der Unterseite und der Flanken gegenüber der Oberseite in
der Organausdifferenzierung — Hypo- und Amphitonie — berechtigt dazu, bei den Lebermoosen von einer primären Dorsiventralität
zu sprechen, im Gegensatz zu den Laubmoosen, bei denen nach
MEUSEL die Dorsiventralität als abgeleitet zu betrachten ist, d. h.
die Beblätterung wird radiär angelegt und später sekundär verflacht. Die lateral-symmetrischen Verhältnisse der *Marchantiales*
(sens. lat.) und der anakrogynen *Jungermaniales* werden ebenfalls
durch Dorsiventralität des Vegetationskörpers ausgedrückt, trotz
der sehr verschiedenartigen Gestaltung der Scheitelzellen oder
Scheitelregion. Schon SACHS, HOFMEISTER, und teilweise GOEBEL
waren der Ansicht, daß die Dorsiventralität pflanzlicher Organe
'induziert ist, und besonders HOFMEISTER war darum bemüht, die
Dorsiventralität eines Organs als Reaktion des Organismus auf
äußere Reize anzusehen.

In gleicher Weise hat man die Dorsiventralität der Lebermoose bisher fast ausschließlich als das Resultat der Einwirkung
äußerer Faktoren, besonders der des Lichtes und der Erdschwere betrachtet [5], die, wenn sie induzierend wirken würden, das

---

[5] Vgl. besonders FITTING, Jb. Wiss. Bot. 82; 85; 86.

Vorhandensein einer primären Dorsiventralität nicht rechtfertigen würden. Hierzu kommt noch, daß es — trotz der Dorsiventralität des Sproßsystems — radiär gebaute Organe an diesen gibt, z. B. die Flagellen von *Bazzania*. Diese wachsen bekanntlich positiv geotrop, eine Erscheinung, die auf die Einwirkung exogener Gestaltungsfaktoren zurückgeführt werden könnte. Nicht zuletzt gibt es ganze Gametophyten, die radiär gebaut sind: die Vertreter der Familie der *Haplomitriaceae*. Diese Erscheinungen berechtigen zu der Frage: kann man von einer autonomen Dorsiventralität überhaupt sprechen? Zunächst ist es seit langem bekannt, daß der radiäre Bau der Flagellen bei *Bazzania*, der sich 1. in einer deutlichen Divergenz seiner Beblätterung und 2. in der radiären Anordnung der Rhizoiden ausdrückt, in dem Augenblick aufgehoben wird, in dem die Scheitelzellenregion des Tragsprosses dekapitiert wird. Das Flagellum wächst dann plagiotrop weiter und wird zu einem normalen *Bazzania*-Sproß. Spezielle Untersuchungen haben ergeben, daß an der Spitze des Flagellums zwar eine Scheitelzelle liegt, die aber in dem Aktivitätsgrad ihrer Tätigkeit weit hinter dem der normalen Sproßscheitelzellen zurückbleibt. Das Flagellum selbst wächst vielmehr mit Hilfe einer interkalaren Wachstumszone, die sich an seiner Basis — also dort, wo es mit dem Tragsproß in Verbindung steht — befindet. Wird nun die Scheitelzellenregion des Tragsprosses dekapitiert, so beendet auch die interkalare Wachstumszone ihre Tätigkeit (ob es sich um Korrelationserscheinungen zwischen beiden meristematischen Zonen handelt, ist nicht erwiesen) und die zuvor nur sehr geringtätige Scheitelzelle des Flagellums geht nun zu voller Tätigkeit über und formiert einen dorsiventralen Sproß. Daraus ist zu erkennen, daß der Einfluß exogener Faktoren in dem Augenblick wesentlich geschwächt wird, in welchem die Scheitelzelle als Eigengestaltungsfaktor ihre Tätigkeit in vollem Umfange aufnimmt.

Der Einfluß äußerer Faktoren bei der Bildung dorsiventraler Organe kann und soll nicht geleugnet werden, es muß aber angenommen werden, daß sie nicht die Dorsiventralität verursachen, sondern lediglich auslösen, insofern, als sie die Pflanze dazu veranlassen, die ihr innewohnende Möglichkeit zu dorsiventraler Ausbildung einzelner Organe oder ganzer Sproßsysteme zu verwirklichen. Es muß ferner angenommen werden, daß die Bereitschaft der Dorsiventralität ursprünglich in der Organisation der Lebermoose begründet liegt und nur eines auslösenden äußeren Impulses bedarf.

Nach seinen zahlreichen experimentell-morphologischen Untersuchungen an Lebermoosen, die einen gewissen Einwirkungsgrad äußerer Faktoren auf die Gestalt einiger Lebermoose ergeben haben, kommt BUCH (1932) zu dem Schluß: „Zu untersuchen wäre, ob die Lage der Ventralseite in diesen Fällen durch den Einfluß der einseitigen Feuchtigkeit oder, was wahrscheinlicher ist, unabhängig von allen äußeren Bedingungen bestimmt wird."

Über die Verhältnisse bei der Familie der *Haplomitriaceae* können nur Vermutungen geäußert werden. So sind z. B. nach GOEBEL die aufrecht wachsenden Sprosse von *Calobryum Blumei* NEES keine Solitärpflanzen, sondern (wahrscheinlich erstarkte) Endglieder begrenzten Wachstums eines sympodialen Systems. Die Endständigkeit ihrer Gametangien würde dazu nicht im Widerspruch stehen. Dafür spricht weiter die schon von GOTTSCHE (1843) in seiner Monographie über *Haplomitrium Hookeri* NEES (Abb. 20, *III*) konstatierte Dorsiventralität der basalen Sproßregion, die GOEBEL (1930) bestätigt: „Dorsiventrale Ausbildung einzelner Sprosse scheint auch hier vorzukommen, was zu unrichtigen Beschreibungen der Blattanordnung Veranlassung gegeben hat" (S. 720). Ob eventuell durch die von LILIENFELD (1911) entdeckten interkalaren Scheitelzellen und deren Tätigkeit Verhältnisse geschaffen werden, die die ursprünglichen überdecken und verschleiern oder ob die apikalwärts vorhandene, leicht tordierte, radiäre Beblätterung die ursprüngliche ist, kann und soll an dieser Stelle nicht entschieden werden.

Mit der Ausgliederung der Blätter und des Thallus durch die Scheitelzelle im engsten Zusammenhang steht die Ausbildung der Seitenäste. Dort, wo sie aus Segmenten der Scheitelzelle auf Kosten eines Blattes entstehen, ist ihre ventrale oder laterale Stellung am Primär- und Hauptsproß selbstverständlich. Aber auch die Anlegung interkalarer Äste ist stets ventral oder lateral, nie dorsal[6]. Sie werden ebenfalls von der Scheitelzelle gebildet und entstehen in der Nähe eines Blattes. Ihre angebliche Beziehungslosigkeit zum Blatt ist aber nur scheinbar. In Wirklichkeit wird ein Segment der Scheitelzelle durch eine Periklinalwand in einen

---

[6] Ob die dorsalen Gametangialäste von *Anomoclada mucosa* SPR. echte dorsale Bildungen sind oder durch Wachstumsverschiebungen sekundär dorsalwärts verlagert worden sind, konnte nicht festgestellt werden.

äußeren und in einen inneren Abschnitt gegliedert. Während der
äußere Abschnitt zur Blattbildung übergeht, war man bisher der
Ansicht, daß der innere Abschnitt sich in seiner Gesamtheit am
Aufbau des Stämmchens beteilige. Es konnte indessen festgestellt
werden, daß er bald durch eine Antiklinalwand in einen größeren
und einen kleineren Abschnitt geteilt wird. Der größere erfährt
nun mehrere Teilungen kurz hintereinander und bildet Sproß-
gewebe, während der bis dahin kleinere Abschnitt im Vergleich zu
den Sproßzellen als die nunmehr größere Zelle vorerst in Ruhe verbleibt. Diese Zelle ist die Initialzelle der ruhenden Knospen und
entwickelt sich erst unter den entsprechenden Bedingungen zum
Seitensproß weiter.

Den interkalaren Seitenästen homolog sind die sog. Flagellen.
Sie entstehen, soweit es sich um endogene Sproßbildungen handelt,
immer auf der Ventralseite des Sprosses in der oben beschriebenen
Weise. Seit langem bekannt ist die Entstehung dieser Organe bei
Bazzania trilobata GRAY, *B. tricrenata* TREV. und *Herberta Sendtneri*
EVANS (LEITGEB, 1875). Es konnte darüber hinaus festgestellt
werden, daß die Flagellen von *Odontoschisma Sphagni* DUM., *O.
denudatum* DUM., *Nardia Breidleri* LINDBG. und *Cladopodiella
fluitans* BUCH in derselben Weise entstehen. Sie sind damit
homolog den Gametangialsprossen von *Lepidozia reptans* DUM.,
Bazzania trilobata GRAY und *Calypogeia spec.*, und sind nicht
zu verwechseln mit jenen Flagellen von *Lepidozia reptans* DUM.,
L. filamentosa LINDENB. u. a. m., die auf S. 43 besprochen worden
sind. (Der Ausdruck Flagellum sollte besser aufgegeben werden
und dafür — der Funktion entsprechend — die Bezeichnung Stolo
treten; der in der systematischen Literatur vielfach benutzte Ausdruck Stolonen für die basalen Sproßabschnitte sollte ebenfalls
vermieden werden, da es sich nicht um eigentliche Ausläufer handelt,
sondern um echte Sprosse, die im Entwicklungsverlauf des Sproßsystems sekundär blattlos geworden sind.)

Die interkalaren Seitenäste unterscheiden sich nun von den
Flagellen — etwa denen von *Bazzania* — dadurch, daß letztere
infolge Hemmungserscheinungen unentwickelt bleiben, während
erstere infolge der sofort einsetzenden Erstarkung von vornherein
mit einer Scheitelzelle wachsen.

Diese unabhängig von der Scheitelzelle entstandenen Seitenäste können in zwei verschiedenen Regionen ausgegliedert werden: 1. an den Sproßflanken, 2. auf der Sproßunterseite. Beide

Entstehungsorte können aber infolge sekundärer Wachstumsverhältnisse verschoben werden: die ruhende Knospe wird zunächst in der oben beschriebenen Weise angelegt und verharrt in ihrem Ruhezustand. Diejenigen Zellen, die sich am Sproßaufbau beteiligen, „überwachsen" die Knospeninitialzelle und drängen sie dadurch auf die Sproßunterseite herunter. Dadurch, daß dieser Vorgang bereits auf sehr jungem Stadium erfolgt, kann im erwachsenen Zustand der wirkliche Entstehungsort der scheinbar ventral entstandenen Seitenäste nicht mehr erkannt werden. Dieser Vorgang kann mit dem bei der Entstehung der Ventralsprosse der thallosen *Jungermaniales* verglichen werden: denn bei ihnen gehen die Ventralsprosse aus Marginalzellen oder am Scheitel aus der Mittelrippe hervor, werden von den Thallusflügeln sekundär überwachsen und dadurch auf die Thallusunterseite gedrängt. Andererseits gibt es Seitenäste, die ventral angelegt werden, und dann durch sekundäre Verschiebungen an die Sproßflanken gedrängt werden — es ist dies besonders bei *Plagiochila*-Arten der Fall. Man geht wohl nicht fehl, wenn man annimmt, daß derartige Sekundärverschiebungen auf einer unterschiedlichen Tätigkeitsintensität der Ventralsegmente gegenüber der lateralen beruhen, daß also einmal Amphitonie oder im entgegengesetzten Fall Hypotonie vorherrscht. Im ersteren Fall werden nur kleinere Amphigastrien gebildet, und die Seitenblätter greifen weit auf die Stengelunterseite über, im zweiten Fall sind die Amphigastrien breit und die Seitenblätter legen sich weit auf die Sproßoberseite über.

Die bei allen Lebermoosen herrschende Dorsiventralität geht weiterhin daraus hervor, daß bei der Bildung von Regenerationssprossen die Sproß- oder Thallusunterseite von diesen deutlich bevorzugt wird, selbst dann, wenn die Sproßstücke mit ihrer morphologischen Oberseite dem Substrat aufliegen (KREH, 1909). Die durch interkalare Seitenäste hervorgerufenen sekundären Fiederungen von *Cephalozia bicuspidata* DUM., *Chiloscyphus polyanthus* CD. u. a. finden eine konvergente Parallele in *Metzgeria furcata* LINDBG. var. *ulvula* NEES und bei den schon mehrfach erwähnten Gattungen *Hymenophytum* (besonders bei *Hymenophytum Phyllanthus* DUM.), *Pallavicinia* und *Symphyogyna*. Die Fiederäste entstehen sekundär aus Thalluszellen, ihre Mittelrippen werden ebenfalls sekundär gebildet und stehen mit der des Tragsprosses nicht in Verbindung. Beim Flächenwachstum des Thallus werden sie von dessen Rändern überwallt und auf die Ventralseite verschoben.

Die Seitensprosse sind an ihrer Basis schmal und nehmen erst allmählich an Breite zu, ähnlich den Verhältnissen, die bei *Hymenophytum Phyllanthus* Dum. an der Spitze des Tragsprosses herrschen. Goebel (1930) sagt dazu: „daß bei manchen thallosen Lebermoosen die Flügelbildung am Thallus zeitweilig unterbleiben kann, so bei *Hymenophytum* (an der Basis der Seitensprosse...), auch an der Spitze des Sprosses erster Ordnung, ferner bei *Blyttia* u. a. Dies kann infolge von Lichtmangel auch bei den etiolierten Sprossen eintreten, gehört aber zum normalen Entwicklungsgang, indem namentlich die ventral am Thallus entspringenden Sprosse zunächst flügellos sind, was übrigens auch der Tatsache entspricht, daß sie in ihren Entwicklungsstadien nur wenig Licht erhalten. Wir sehen also an den Sprossen eine Arbeitsteilung eintreten: der flügellose Teil dient dazu, den assimilierenden an das Licht zu bringen" (S. 694).

In Ergänzung zu Leitgeb (1877) konnte festgestellt werden, daß diese Seitensprosse bereits am apikalen Ende des Tragsprosses angelegt werden, also dort, wo die Flügel des Tragsprosses die jungen Seitenanlagen noch nicht überdecken und ihm dadurch das Licht entziehen würden. Ebenso kann an ausgewachsenen Seitensprossen festgestellt werden, daß der flügellose Basalteil des Seitensprosses unter dem Thallusflügel weit hervorragt und erst in einer beträchtlichen Entfernung von den Thallusrändern des Tragsprosses die Flügelbildung des Seitensprosses einsetzt.

Die Entstehung der „Arbeitsteilung" dürfte hier wohl ebenso wie bei *Riccardia* auf einem organisationsbegründeten Erstarkungsprozeß beruhen, zumal eine Erklärung dieser Erscheinung durch Etiolierung die Beantwortung zweier Fragen voraussetzen würde: 1. kann der Seitensproß sich verbreitern, weil er durch weiteres Vorwachsen nun genug Licht hat oder 2. muß der Thallus seine Oberfläche vergrößern, weil er nicht genug Licht hat.

Gerade das sympodiale Sproßsystem von *Symphyogyna sinuata* Mont. et Nees kann diese Verhältnisse erklären: in geschwächten Phasen besteht der Sproß lediglich aus einer Mittelrippe, erst im Erstarkungsprozeß, als Konsequenz eines endogen-rhythmischen Geschehens, werden dann die Thallusflügel gebildet. Übrigens kommt es nicht selten vor, daß bei *Hymenophytum Phyllanthus* Dum. die Thallusspitzen wieder verschmälert werden (worauf auch Goebel hinweist) als äußerliche Erscheinung der ausklingenden Erstarkungsphase. Dasselbe wurde bei *Symphyogyna sinuata* Mont.

et NEES schon erwähnt, kommt aber auch bei *Pallavicinia xiphoides*
STEPH. vor.

Bei verschiedenen *Marchantiales* wird die Konvergenz in einer
echten Fiederung durch Ausbildung sog. Adventiväste erreicht.

Neben interkalaren Seitenästen endogenen treten auch solche
exogenen Ursprungs auf. Ihre Entstehung hat LEITGEB (1875)
genau beschrieben. Es braucht darum an dieser Stelle nicht genauer
darauf eingegangen zu werden.

Aus der Zusammenfassung der lateralen Symmetrieverhältnisse, dem plagiotropen Wuchs und der damit verbundenen Orientierung des Sproßsystems zum Substrat, resultiert bei den thallosen
Lebermoosen und bei einigen foliosen Arten (besonders *Plagiochila*-
Arten) eine Erscheinung, die bei sich dichotom verzweigenden
Lebermoosen, den *Marchantioideae* und den *Riccioideae*, schon
lange bekannt ist und die von TROLL (1937) ausführlich beschrieben
wurde: die flabellate Form der Dichotomie. Sie steht im Gegensatz zur cruciaten, die nur bei radiär gebauten Sprossen in Erscheinung tritt und kommt dadurch zustande, daß die dichotomen
Seitenzweige in einer Ebene ausgebreitet liegen. Bisher war dieser
flabellate Typ nur als eine Erscheinungsform spezieller Art der
Dichotomie bekannt. Aus den obigen Ausführungen geht indessen
hervor, daß das „Flabellum" als Konvergenzerscheinung sowohl
bei verschiedenen thallosen *Jungermaniales* (besonders bei den
dendroiden *Symphyogyna*-, *Pallavicinia*- und *Hymenophytum*-
Arten) als auch bei foliosen *Jungermaniales* (*Plagiochila flabellata*
STEPH., *Pl. corymbulosa* PEARS., *Pl. natalensis* PEARS.) auftritt, also
bei Arten, deren Seitenäste keine Derivate der Dichotomie, sondern
echte Seitenastbildungen sind: die einfachsten Erscheinungen des
flabellaten Typs sind bereits bei *Metzgeria furcata* LINDBG., *Pellia
epiphylla* LINDBG., *Blasia pusilla* LINDBG. u. a. „gabelig" verzweigten *Jungermaniales* vertreten und werden um so deutlicher
herausgebildet, je stärker die Akrotonie in Erscheinung tritt.

Gleiche Verhältnisse liegen bei den beblätterten *Jungermaniales*
vor. Sie unterscheiden sich in der lateralen Symmetrie ihrer Ver-
zweigungsverhältnisse nicht grundsätzlich von den thallosen Arten.
Darum überrascht es nicht, den flabellaten Typ auch bei ihnen anzutreffen: in seiner einfachsten Ausbildung erscheint er wieder bei
Formen, die in ihren Gestaltungsverhältnissen mit den „gabelig" verzweigten thallosen *Jungermaniales* übereinstimmen. Die vollendete
Ausbildung eines „Flabellum" bei den foliosen *Jungermaniales*

offeriert sich bei den Arten, die durch ihre Gestaltungsverhältnisse Konvergenzerscheinungen zu den dendroiden Wuchsformen
der thallosen Arten bilden. Häufig deutet bei ihnen schon der Speziesname darauf hin.

Der flabellate Typ ist also nicht nur eine besondere Erscheinungsform der isotomen Dichotomie, wie sie bei den *Marchantioideae*
und den *Riccioideae* vorliegt, sondern eine besondere Ausbildung
der lateralen Symmetrie überhaupt, da sie auch dort vorkommt,
wo Haupt- und Seitenäste in einem einander gleichwertigen Erstarkungswachstum und Erstarkungsverhältnis zueinander stehen.

Ebensowenig wie der flabellate Typ bei anisotomer Dichotomie
in Erscheinung tritt, ebensowenig kommt er auch bei seitlicher Verzweigung vor. Beide führen vielmehr zu einer $\pm$ fiederigen Anordnung in der Beastung. In jedem Falle wird bei der Endverzweigung zunächst ein „Flabellum" angelegt; auch die Dichotomie
stellt ursprünglich eine Endverzweigung dar. Die longitudinalen
Symmetrieverhältnisse, besonders die Differenzierungstendenzen
der Polarität entscheiden darüber, ob der flabellate Typ dauernd
erhalten bleibt oder nur vorübergehend, um dann durch verschiedene Erstarkungsverhältnisse zwischen Haupt- und Seitenästen
wieder aufgelöst zu werden.

IV. Die Periodizität.

Unter ihr versteht man die einzelnen Wachstumsperioden eines
Sprosses. Bei einfachen, undifferenzierten *Sproß-Ast-Systemen*
tritt sie weniger deutlich in Erscheinung und ist in solchen Fällen
nur an der Blattfolge und der Anlage der Gametangienstände zu
erkennen. Bei denjenigen Sproßsystemen, die eine Beastungsrhythmik zeigen, tritt die Periodizität deutlich in Erscheinung, gleichgültig, ob es sich um monopodiale oder sympodiale Sproßsysteme
handelt. In jedem Falle werden die Innovationssprosse noch in der
ausklingenden Vegetationsperiode angelegt und erstarken mit Beginn der nächsten.

Bei den akrogynen Lebermoosen tritt sie meist deutlicher in
Erscheinung als bei den thallosen. Dennoch gibt es auch unter
ihnen Arten, die eine gewisse Periodizität beim Übergang von der
vegetativen in die reproduktive Phase erkennen lassen. Sehr deutlich
ist sie bei den *Marchantiales* und bei verschiedenen *Riccardia*-Arten
ausgebildet. Unter den letzteren sind es insbesondere diejenigen,
die infolge der Einwirkung der Polarität in einen schwächeren

basalen und einen geförderten apikalen Sproßabschnitt gegliedert
sind, z. B. *Riccardia prehensilis* MASSAL., *R. eriocaula* MASSAL.,
R. hymenophylloides SCHIFFNER u. a.

Untersuchungen HAGERUPS (1935) lassen darauf schließen, daß
die Periodizität bei den Moosen nicht von Umwelteinflüssen induziert, sondern Ausdruck eines endogenen autonomen Geschehens
in der Pflanze ist. Ob das ausschließlich zutrifft oder ob die Periodizität mit der Klimarhythmik parallel läuft oder eine „Anpassung"
an letztere darstellt, sollte nicht Gegenstand dieser Untersuchungen
sein. Wesentlich ist die Konstatierung ihres Vorhandenseins und
der Einfluß auf die Gestaltungsverhältnisse der Wuchsformen in
ihrer Gesamtheit und in ihrer Gesamterscheinung.

V. Die Wuchsrichtung.

Aus der Besprechung der allgemeinen Gestaltungsverhältnisse
ist schon an Überschneidungen einzelner Kapitel zu erkennen, daß
in der Wuchsform niemals ein Gestaltungsprinzip allein zum Ausdruck kommt. Sie entsteht vielmehr durch das Zusammenwirken
der einzelnen Faktoren, die ihrerseits die Grenzen festlegen, innerhalb deren sich die Gestaltung vollzieht.

Als unmittelbare Konsequenz des Zusammenwirkens der Gestaltungsgesetze ergibt sich die Wuchsform, die in wesentlicher Beziehung zur Wuchsrichtung steht, d. h. zu den Faktoren, die die
Lebermoose in einer bestimmten Lage und Richtung zum Substrat
wachsen lassen, in der sie dem Beschauer entgegentreten. Daß bei
diesem Vorgang äußere Einflüsse eine bedeutende Rolle spielen,
darf nicht verkannt werden. Es soll also zunächst versucht werden,
den Grad der Beeinflussung der inneren und äußeren Kräfte und
ihr gegenseitiges Verhältnis zueinander in ihrer Einwirkung auf die
Wuchsrichtung festzustellen: das Verhältnis der organisatorisch
begründeten Gestaltungsfaktoren zu Erdschwere, Wasser und
Licht.

Als erstes erhebt sich die Frage, inwieweit Orthotropismus
und radiärer Bau einerseits, Plagiotropismus und dorsiventraler
Bau andererseits übereinstimmen und sich gegenseitig bedingen.
Dabei stellen Orthotropismus und Plagiotropismus die Orientierung
der Pflanze zum Substrat, radiärer und dorsiventraler Bau den Ausdruck der inneren Organisation dar. Da bei den Lebermoosen radiärer Bau des Gametophyten nur selten, dorsiventraler Bau der
Sproßorgane fast ausschließlich vorherrscht, so ist zunächst zu

fragen, in welcher Beziehung Dorsiventralität und Plagiotropismus zueinander stehen und sich gegenseitig bedingen. Nach Goebel (1930), „herrscht bei den Lebermoosen der dorsiventrale Typus und im Zusammenhang damit der plagiotrope Wuchs bei weitem vor" (S. 689) und weiter hängt der plagiotrope Wuchs namentlich mit der Bewurzelung zusammen: „die einzelligen, meist recht kurzen Lebermoosrhizoiden können als Haftorgane wie für die Nährstoffaufnahme offenbar nicht so viel leisten, wie die meist viel länger... entwickelten der Laubmoose, sie gestatten also keine weite Entfernung vom Substrat. Es ist nach dieser Anschauung kein Zufall, daß die einzigen radiären Lebermoose, die *Calobryaceae*, statt der Rhizoiden Wurzelsprosse besitzen" (S. 689). Tatsächlich wachsen viele Sproßsysteme dauernd eng an das Substrat angepreßt und erheben sich in ihrer Gesamtheit oder in bestimmten Regionen nie. (Unter den anakrogynen *Jungermaniales* sind es die Gattungen *Metzgeria, Pellia, Blasia, Fossombronia, Moerckia* und einige Arten der Gattung *Riccardia, Symphyogyna, Pallavicinia* und *Hymenophytum*. Bei den akrogynen *Jungermaniales* vor allem die Gattungen *Chiloscyphus, Mylia, Calypogeia, Lophocolea, Cephalozia, Lophozia, Lepidozia* u. a.) Hier trifft also dorsiventraler Bau der Sproßachse stets mit plagiotropem Wuchs zusammen. Aber schon in einigen der angeführten Gattungen ist in bestimmten Stadien eine Aufrichtung einzelner Sprosse zu bemerken. An diesen aufgerichteten Sproßabschnitten sind keine Rhizoiden zu erkennen; erst, wenn sich der Sproß wieder dem Substrat zuneigt, werden sie neu bebildet.

Man könnte hier vielleicht an einen Kontaktreiz denken, der bei Berührung des Substrates durch den Sproß an diesem die Bildung der Rhizoiden auslöst. Es finden sich indessen Sprosse, vor allem die sog. Flagellen, die an Stellen mit Rhizoiden versehen sind, die gar nicht mit dem Substrat in Berührung kommen. Ähnliches konnte an Seitenästen von *Lepidozia reptans* Dum. beobachtet werden; hier waren Seitenäste, die an der Spitze in Stolonen ausliefen, völlig rhizoidlos, obwohl sie fest dem Substrat anlagen, und bildeten erst wieder Rhizoiden aus, als sie sich an der Spitze in Stolonen verschmälerten. Ähnliches konnte experimentell an den Seitenästen von *Plagiochila asplenioides* Dum. nachgewiesen werden. Streng vertikal gewachsene kräftige Seitenäste wurden vom Muttersproß gelöst und ebenfalls wieder aufrecht eingepflanzt. Zunächst war die gesamte Sproßunterseite rhizoidlos. Alsbald bildeten sich einige an der Basis des Sprosses, die ihn im Substrat verankerten. Die Sproßspitze neigte sich dann allmählich bogenförmig dem Substrat zu, bildete schon vor der Berührung mit diesem Rhizoiden und wuchs dann plagiotrop als Kriechsproß weiter. Nach einiger Zeit trat deutliches Erstarkungswachstum ein, die Seitenäste richteten sich auf und bildeten keine Rhizoiden mehr. Wie zu Anfang schon erwähnt wurde, ist die Rhizoidbildung von der jeweiligen erstarkten oder geschwächten Phase abhängig. In erstarktem Zustand wird der Plagiotropismus überhaupt aufgehoben — trotz des dorsiventralen Baues der Pflanze — und die erstarkten Abschnitte wachsen aufrecht. Deutlich tritt dieses Verhalten bei den *Sproß-Hauptast*-Typen in Erscheinung. Hier ist der Muttersproß vollständig blattlos geworden und kriecht, stark mit Rhizoiden bewachsen, wie ein Rhizom auf dem Substrat hin. Die erstarkten Hauptäste wachsen aufrecht und sind völlig rhizoidfrei. Typische Vertreter dieser Wuchstypen sind die *Gymnomitrien, Marsupellen* u. a. Dorsiventralität und Plagiotropismus treffen häufig zusammen, bedingen aber einander nicht.

Sehr viel entscheidender für die Wuchsrichtung der Lebermoose ist der Einfluß des Wassers. Da sie in der Hauptsache Hygro- und Mesophyten sind, also immer auf die Anwesenheit von Wasser angewiesen sind, kommt diesem eine bedeutende Rolle in der Bestimmung der Wuchsrichtung zu. Darauf hat BUCH (1922) mit Nachdruck verwiesen und schwerwiegende Gründe, gestützt auf Experimente, angeführt. Jedoch sollte die Bedeutung des Hydrotropismus nicht einseitig als gestaltbildend überschätzt werden, da vor allem die beblätterten Lebermoose in der Lage sind, ihren Feuchtigkeitsbedarf nicht allein aus dem Substrat oder in Form tropfbaren Wassers, sondern auch aus dem Wasserdampf der Atmosphäre zu decken. Das würde also bedeuten, daß die beblätterten Lebermoose, deren Sprosse aufgerichtet sind, nicht deshalb orthotrop wachsen müssen, um in den Genuß eines Feuchtigkeitsoptimums zu kommen — bei der geringen Höhenausdehnung des Sproßsystems wird sicher kein Konzentrationsgefälle zu überwinden sein —, sondern daß in diesen Fällen der aufrechte Wuchs nur als Ausdruck einer inneren Erstarkung und nicht als Tropismus oder Nastie zu werten ist. Die Lebermoose brauchen ihre charakteristische Wuchsform nicht aufzugeben, um sich dem feuchten Substrat zuzuwenden, besonders dann nicht, wenn der Kriechsproß blattlos geworden ist und nur noch als Tragsproß für die aufrecht wachsenden beblätterten Seitenäste zu fungieren braucht. Als sicher ist wohl anzunehmen, daß der Hydrotropismus auf schwache, undifferenzierte Systeme stärker einwirkt, als auf solche, die bereits eine weitgehende polare Differenzierung erfahren haben.

Die Ansicht MEUSELs (1935): „Wie kann man den angedrückten Wuchs der Stämmchen und der Äste epixyler Formen, die in ganz verschiedener Richtung zur Erdschwere und zum einfallenden Licht wachsen, anders deuten, als eine Einwirkung des Hydrotropismus?" (S. 236) kann zumindest für die Lebermoose nur mit gewissen Einschränkungen gelten. Die „verschiedene Richtung zur Erdschwere und zum einfallenden Licht" dürfte zu einem wesentlichen Teil darauf beruhen, daß die Lebermoose unipolar gebaut sind und bei epixylen Arten (und nicht nur bei diesen) die verschiedene Wuchsrichtung eben daraus resultiert, in welcher Richtung der erste Keimungsschritt erfolgte. Dann bleibt dem Sproß nichts anderes übrig, als in dieser einmal eingeschlagenen Richtung weiter zu wachsen, sei es nach unten oder nach oben. Aus dem schon oben erwähnten Grund, daß die Lebermoose ihre benötigte Feuchtigkeit aus der Luft aufzunehmen vermögen, brauchen sie nicht notwendigerweise dicht dem Substrat angepreßt zu sein. Übrigens gibt es viele epixyle Arten, die fast rechtwinklig vom Substrat abstehen und auf diesem nur mit einem sehr kleinen und im Vergleich zum übrigen Sproßsystem nur sehr schwachen Teil ihres Sproßsystems festhaften, z. B. *R. palmata* LINDBG., *R. latifrons* LINDBG. u. a. unter den beblätterten Arten viele *Madotheca-*, *Frullania-*, *Lejeunea-* und *Bryopteris*-Arten. Ob das Abspreizen der Sproßspitzen bei vielen *Scapanien*, die an einer senkrechten Felswand positiv und negativ geotrop wachsen, auf einer Einwirkung des Geotropismus beruht oder dadurch hervorgerufen wird, daß die Sproßunterseite ein bevorzugtes Wachstum gegenüber der Oberseite zeigt, eine Erscheinung, die nicht von Umweltfaktoren ausgelöst würde, sondern in den Symmetrieverhältnissen begründet läge, konnte nicht untersucht werden. Die Größe der Blattunterlappen gegenüber den Oberlappen würde für eine Annahme der letzteren Auffassung sprechen.

Trotz dieser Einwände kann der Einfluß äußerer Faktoren auf die Wuchsrichtung nicht übersehen werden, und es erübrigt sich, die Bestimmung der Wuchsrichtung submers wachsender Moose durch fließendes Wasser zu erwähnen. Da jede Pflanze zur Ausbildung ihrer „normalen" Wuchsform ein bestimmtes Optimum an Licht und Wasser benötigt und diese Erfordernisse unter den natürlichen Vegetationsbedingungen durch die Umwelt nicht immer gegeben sind, so kommt es häufig zu quantitativen Verschiebungen der Wuchsform. Die Verschiedenheit z. B. von Land- und Wasserformen beruht darauf (*Riccia fluitans* L., *R. canaliculata* HOFFM., *Cladopodiella fluitans* BUCH, *Gymnocolea inflata* DUM. u. a.). Trotz dieser Unterschiede gibt die Pflanze ihre typische Wuchsform nicht auf, sie ist durch die in ihr liegenden Gestaltungsfaktoren begründet und wird durch die Außeneinwirkung lediglich modifiziert. In diesen Fällen mag sich unter der morphologischen Konvergenz eine ökologische verbergen, die die Gestaltungsverhältnisse oft bis zur Unkenntlichkeit verschleiern. Dennoch werden die morphologischen Eigengesetzlichkeiten durch eine analytische Betrachtung immer erkennbar bleiben.

VI. Die Wuchstypen.

Nachdem in den vorhergegangenen Abschnitten jene allgemeinsten Gesetzmäßigkeiten herausgearbeitet worden sind, die sich aus der Organisation der Lebermoose ergeben und die die Wuchsform der Einzelpflanze bestimmen, soll nunmehr versucht werden, große Gruppen zusammenzufassen, sog. Gestaltungstypen, denen die gleichen Gestaltungsgesetze zugrunde liegen. Dabei können quantitative Verschiedenheiten nicht berücksichtigt werden, da sie dazu führen würden, entweder die Vielfalt der Wuchsformen in ein künstliches Schema zu pressen oder sich durch Berücksichtigung kleinster artspezifischer oder umweltbedingter Einzelheiten im Uferlosen zu verlieren. Erst nach Abstraktion dieser Faktoren tritt der eigentliche Wuchstypus zutage. Es soll, das möge ausdrücklich betont werden, kein System aufgestellt werden — die Fülle der Erscheinungen wird wohl nie in ein System zu bringen sein, das allen Anforderungen genügen kann —, sondern es sollen alle untersuchten Lebermoose zusammengefaßt werden im Hinblick auf ihre gegenseitigen gestaltlichen Beziehungen zueinander durch allgemeine Gestaltungsfaktoren und morphologische Eigengesetzlichkeiten, um zu zeigen, daß trotz der Vielfalt der Einzelerscheinungen dem Typus Grenzen in seiner Entwicklung gesetzt sind, die bestimmte Gestaltungskreise umschreiben, innerhalb deren die „Gestaltungsthemen durchvariiert" werden, ähnlich einem musikalischen Thema.

Es ist gelegentlich versucht worden, die Wuchsformen der Moose in einem System zu ordnen. Bekannt sind die von HERZOG (1926) und GOEBEL (1930). So hervorragend diese Darstellungen an sich auch sind, so scheint doch gelegentlich das aberrativ-formative Element zu sehr im Vordergrund zu stehen. Es soll darum an dieser Stelle ein Weg beschritten werden, auf welchem die Fülle der Wuchsform nach grundsätzlichen morphologischen Gesichtspunkten geordnet werden soll. Der bewußte Verzicht auf entwicklungsgeschichtliche Einzelheiten (die immer unvollständig und lückenhaft hätten bleiben müssen) läßt die grundlegenden Eigengesetzlichkeiten in den Gestaltungsverhältnissen und die daraus resultierende Gestalt der Einzelpflanze deutlicher in den Vordergrund treten. Gleichzeitig wird in diesem Zusammenhang die Wachstumstendenz der einzelnen Moosrasen aufgezeigt, da die Lebermoose nur in seltenen Fällen als Solitärpflanzen auftreten, meistens in Verbänden wachsen, zu Rasen oder Polstern vereinigt sind. Die Gesetzmäßigkeiten, die den Wuchs der Einzelpflanze bestimmen, lassen auch den Moosrasen nicht willkürlich wachsen, sondern bestimmen auch seine Ausbildung als Ganzes, seine Form und seine Richtung, sofern letztere nicht von extremen Außenbedingungen, z. B. fließendem Wasser, stark modifiziert werden.

a) Jungermaniales akrogynae.

Das Sproß-Ast-System. Hierher gehören alle beblätterten Lebermoose, deren Sproßsysteme aus einem Tragsproß und diesem fast gleichwertigen Seitenästen aufgebaut sind. Die Systeme sind noch weitgehend undifferenziert und kriechen ihrer ganzen Länge nach regellos auf dem Substrat dahin, auf dem sie mit Rhizoiden angeheftet sind. Im Verband wachsend, bilden sie flache verworrene Rasen, die durch die Seitenäste miteinander verflochten sind. Der Rasen entsteht durch dauerndes Fortwachsen und durch die Innovation plagiotroper Triebe. Durch die akroton geförderte Verzweigung treten hier zum erstenmal Tendenzen zu einem strahlenförmigen oder fächerförmigen Wuchs auf, der aber nur in seltenen Fällen deutlich ausgebildet wird. Alle beblätterten Lebermoose, mit Ausnahme jener der *Fieder-Ast-Typen*, machen in ihrer Jugend dieses Stadium durch. Das Primärsproßstadium ist immer weitgehend undifferenziert. Da die Rasen immer von der Spitze aus weiterwachsen und die einzelnen Sproßsysteme in ihnen immer die Tendenz zeigen strahlenförmig auseinander zu streben, liegen die Wachstumszonen immer an den Rändern des Rasens, es herrscht ausgesprochenes Randwachstum. Da jegliche basale Erneuerung fehlt und mit Einsetzen der Innovation die Erstarkung nicht so deutlich in Erscheinung tritt, daß die Sprosse zu orthotropem Wachstum übergehen, bilden solche Moosrasen immer nur flache, untereinander verworrene Überzüge. Wenn auch viele Lebermoose nur in ihrer Jugend dieses Stadium durchmachen, so gibt es einige Gattungen, die diese Wuchsform Zeit ihres Lebens beibehalten: vor allem die *Calypogeiaceae*, von den *Lophocoleaceae* die Gattungen *Lophocolea* und *Chiloscyphus*, viele *Lejeunea*-, *Leptocolea*- und *Plagiochila*-Arten, von letzteren besonders solche aus dem Subgenus der *Ramiflorae*.

Im Primärsproßstadium machen alle beblätterten Lebermoose ein monopodiales Wachstum durch. Da bei der Innovation gleichzeitig eine polare Differenzierung in einen geförderten apikalen und einen geschwächten basalen Teil eintritt, sind die *Sproß-Ast-Systeme* sympodialen Charakters verhältnismäßig selten. Hierher gehören *Sphenolobus*-, *Lophozia*- und *Plagiochila*-Arten, besonders aus dem Subgenus der *Cauliflorae*.

Das Fieder-Ast-System. Bereits in der vorigen Gruppe traten bei einigen Familien Wuchsformen auf, bei denen gelegentlich eine stärkere Rhythmik in der Beastung zu erkennen war, so daß dadurch eine deutliche Fiederung hervorgerufen wurde. Innerhalb der *Calypogeiaceae* ist es die *Calypogeia gigantea* STEPH., bei der derartige Verhältnisse bereits in Erscheinung treten, ferner *Radula*-, *Madotheca*-, *Frullania*-, *Lepidolaena*-, *Lepicolea*-, *Mastigophora*-, *Lepidozia*-, *Ptilidium*-, *Trichocolea*- und *Plagiochila*-Arten. Das Einstellen des Wachstums durch den Hauptsproß einerseits und die Innovation des Sproßsystems durch die kräftigsten Seitenäste, die in der Mitte einer Längenphase entstehen andererseits, führen im Moosrasen zu einer Erscheinung, die dem ganzen Verband ein kreis- oder halbkreisförmiges Aussehen verleiht. Dadurch, daß die erstarkenden Seitenäste den Hauptsproß relativ schnell in ihrem Wachstum einholen, und durch den bestimmten Winkel, in welchem die Innovationsäste am Hauptsproß entspringen, wird der Rand des Moosrasens geschlossen und er selbst nimmt durch den strahligen Wuchs ein kreisförmiges Aussehen an. Die gleichzeitige Innovation aller Sproßsysteme läßt den Moosrasen geschlossen voranwachsen und nicht selten von der Basis her „absterben". Durch die Fiederäste zweiter Ordnung wird der Verband untereinander zu einer dichten Decke verwebt.

Auch bei diesem Typus bleiben nur wenige Arten dauernd auf diesem Stadium stehen. Unter dem Einfluß der Polarität, durch eine regional verschiedene Erstarkung und durch die Kombination von akrotoner und basitoner Innovation tritt nun eine Differen-

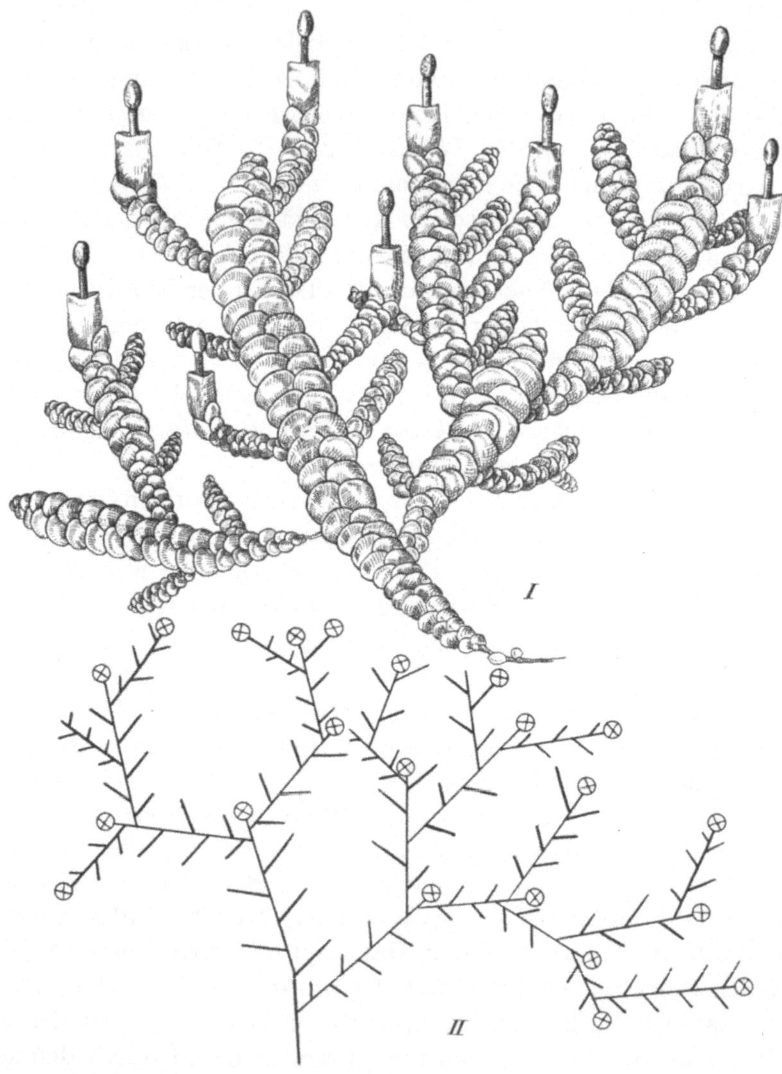

Abb. 21. Strahliger Wuchs und Bildung eines Flabellums bei Fieder-Ast-Systemen folioser Lebermoose. *I Radula complanata. II* Schema der Wuchsform von *Radula.*

zierung in blattlose rhizomartige Kriechsprosse und kräftige aufrecht wachsende Hauptäste ein. Hierher gehört die Mehrzahl aller beblätterten Lebermoose:

Das Kriechsproß-Hauptast-System. Die beblätterten Seitenäste treten gegenüber dem Primärsproß stark in den Vordergrund. Der Hauptsproß, der aus dem Primärsproß hervorgegangen ist, trägt ebenfalls noch Blätter und ist in vielen Fällen — besonders in erstarkter Phase, die mit aufrechtem Wuchs verbunden ist — von den Seitenästen nicht zu unterscheiden. In der Literatur ist für den blattlosen Kriechsproß oft der Ausdruck Rhizom benutzt worden, wohl deshalb, um die Blattlosigkeit und die Sproßnatur derartiger Organe zu demonstrieren.

Charakteristische Vertreter dieses Typus sind die Gattungen *Gymnomitrium, Marsupella*, Vertreter der Gattung *Jamesoniella* (*Jamesoniella colorata* SPR., *J. Carringtonii* SPR., *J. dependula* STEPH. u. a.), *Plagiochila-, Adelanthus-, Marsupidium-, Isotachis-, Herberta-, Mastigophora-* (besonders *Mastigophora Beckettiana* STEPH.), *Diplophyllum-, Scapania-* (Abb. 22, *I*), *Pleurozia-, Anastrophyllum-* und *Lophozia*-Arten (z. B. *Lophozia recurvifolia* STEPH., *L. bidens* MITTEN., *L. plicatula* STEPH.) u. a.

Innerhalb der einzelnen Gattungen macht sich bereits neben deutlich akrotoner Förderung der Beastung auch basitones Erneuerungswachstum bemerkbar. An der Basis ist der Kriechsproß zunächst vollständig astfrei oder nur spärlich mit unentwickelten Kurztrieben besetzt, in der Spitzenregion tritt dagegen eine Häufung der Seitenäste ein, so daß die Sproßsysteme deutlich büschelig beastet sind.

Im anderen Fall tritt die akrotone Innovation stark in den Hintergrund und Basitonie herrscht vor. Solche Verhältnisse finden sich häufig in den Gattungen *Marsupella, Gymnomitrium* und bei einzelnen *Scapania*-Arten, besonders bei *Scapania undulata* DUM. (Abb. 22, *II*), *Sc. compacta* DUM., *Sc. aequiloba* DUM. u. a. und *Bryopteris*-Arten. Die akrotonen Innovationen gehen in der Regel aus Scheitelzellensegmenten hervor, die basitonen aus ruhenden Knospen, die dann austreiben, wenn die Scheitelzellen der Hauptsprosse ihr Wachstum einstellen.

Diese Innovationsverhältnisse führen bei der Rasenbildung zu zwei Erscheinungsformen: 1. dem *Kriechpolster*, das durch die akrotone Innovation gebildet wird, 2. dem *Rasenpolster*, das durch die vorwiegend basitone Innovation bedingt ist.

Das Kriechpolster. Bei den *Kriechsproß-Hauptast-Systemen* erfolgt die Bildung des Kriechpolsters in der Weise, daß auf dem Primärsproßstadium zunächst ein Flachrasen entsteht, wie er oben bei den undifferenzierten *Sproß-* und *Fieder-Ast-Systemen* beschrieben worden ist. Durch die Erstarkung der Seitenäste erfolgt

1. eine Beblätterung des Primärsprosses, die sich mit fortschreitendem Wachstum der Seitenäste ebenfalls auf deren Basis und auf die des Hauptsprosses erstreckt (die Rasen weisen ein verwirrtes „Rhizom"geflecht auf, das, wäre es noch beblättert, vollständig

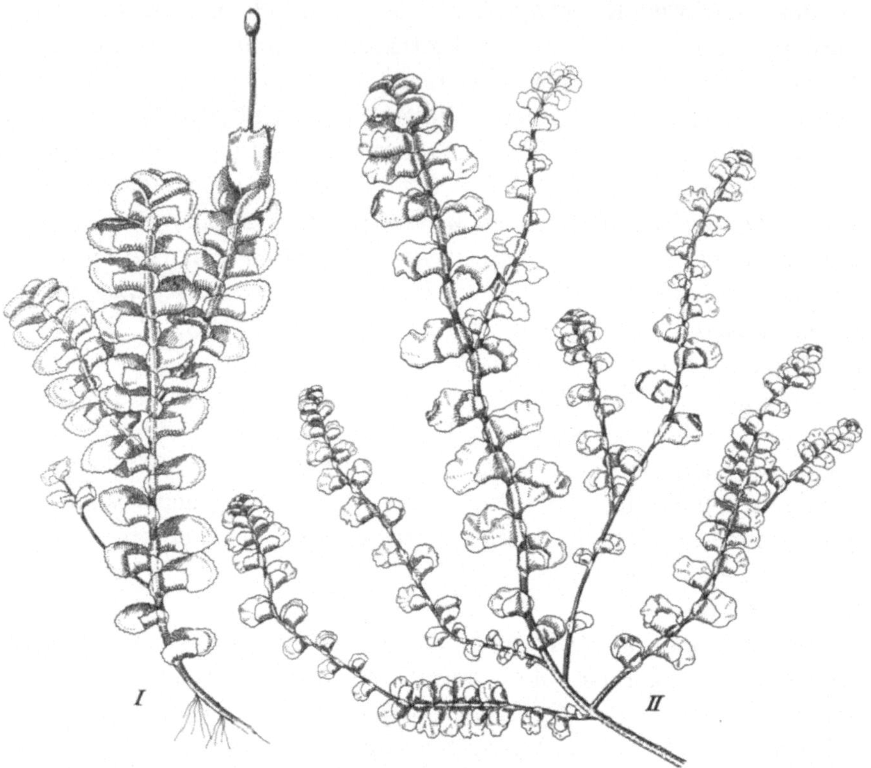

Abb. 22. *I* Akrotone Innovation bei *Scapania nemorosa*. *II* Basitone Innovation bei *Scapania undulata*.

dem Rasentypus der undifferenzierten *Sproß-Ast-Systeme* entsprechen würde) und 2. eine Aufrichtung der Seitenäste. Infolge der vorherrschenden akrotonen Innovationen wäre zu erwarten, daß die Rasen ständig an Höhe zunehmen — etwa wie bei den akrokarpen Laubmoosen. Dadurch aber, daß die Erstarkung sich lediglich auf die apikalen Sproßregionen, jeweils die jüngsten Äste, erstreckt, gehen mit fortschreitendem Wachstum die älteren Sproßabschnitte zu plagiotropem Wuchs über. Der Rasen gewinnt nicht an Höhe, sondern an Flächenausdehnung. Durch die Ausbildung von Seitenästen zweiter und höherer Ordnung bekommt er polsterartigen Charakter. Neben dem durch vorherrschend akrotone

Innovation bedingten Randwachstum tritt, da ja auch die Seitenäste Erstarkungswachstum zeigen, ein gewisses Flächenwachstum
in Erscheinung, das jedoch in seinen Auswirkungen weit hinter
dem ersteren zurück bleibt.

Das Rasenpolster. Während bei dem vorigen das durch die
akrotone Innovation bedingte Randwachstum deutlich vorherrscht, wird die Erscheinungsform des Rasenpolsters durch die
basalen Innovationen bestimmt. Die so entstandenen Seitenäste
gehen sofort zu orthotropem Wuchs über und bilden die Zonen des
Oberflächenwachstums der Rasenpolster, die durch akrotone Innovation entstandenen Seitenäste sind, wie beim Kriechpolster, nur
in ihrem Oberteil orthotrop und vermitteln das Randwachstum.
Derartige Moosverbände erreichen jeweils in ihrer mittleren Region
ihre größte Höhenausdehnung, während sie an ihren Rändern flach
dem Substrat aufliegen. Durch die hier herrschenden Verhältnisse
werden nicht selten Moosverbände gebildet, die den Eindruck echter
Polster geben, wie sie in ihrer schönsten Ausbildung bei Laubmoosen
in Erscheinung treten. Diese Art des Polsterwuchses ist nicht nur
eine Erscheinung der Anpassung an Außenverhältnisse, sondern
organisationstypisch und durch den Modus der Innovation bedingt.

Das Kriechsproß-Fiederast-System. Diese Wuchstypen
unterscheiden sich von den *Kriechsproß-Hauptast*-Typen dadurch,
daß die Seitenäste nicht wie bei jenen in unregelmäßiger Reihenfolge
ausgebildet werden, sondern in strengen rhythmischen Intervallen.
Die Hauptäste bilden ihrerseits wieder fiederig angeordnete Seitenäste höherer Ordnung. Hierher gehören fast alle Fieder-Ast-Moose,
z. B. *Lepidozia-, Lepidolaena-, Lepicolea-, Mastigophora-, Pleurozia-,
Madotheca-* und viele *Frullania-* und *Plagiochila-, Bryopteris-* und
Lejeunea-Arten (sens. lat.). Bei ihnen werden die Innovationen aus
Segmenten der Scheitelzelle gebildet. Der Hauptsproß stellt nach
Abschluß mehrerer Vegetationsperioden sein Wachstum ein, und
die Innovationen übernehmen die Fortführung des Sproßsystems,
oder der Hauptsproß setzt nach Anlage der Innovationen sein
Wachstum zunächst noch fort, letztere bleiben vorerst unentwickelt und erstarken erst dann, wenn der Hauptsproß sein Wachstum eingestellt hat. Erstarken die Innovationen, so heben sie sich
vom Substrat ab und wachsen, langsam ansteigend, weiter vor-
wärts; je nachdem, ob es sich um sympodiale oder um vorwiegend
monopodiale Sproßsysteme handelt, liegen entweder fiederig verzweigte Flachrasen monopodialen Charakters mit Randwachstum

oder fiederig verzweigte Moosdecken sympodialen Charakters mit vorherrschendem Oberflächenwachstum — das Randwachstum tritt verhältnismäßig stark in den Hintergrund und erstreckt sich nur noch auf die relativen Hauptäste — vor.

Das dendroide System. Es wird entweder von monopodialen oder sympodialen Sprossen gebildet. Häufig treten aber beide Verzweigungsformen in einem Sproßsystem auf. Besonders schön sind sie ausgebildet bei *Plagiochila tristis* STEPH., *Pl. nudicalycina* LEITL., *Pl. Pohliana* STEPH., *Pl. diversifolia* SYN. HEP., *Pl. tarapotensis* STEPH., *Pl. Lambergii* GOTTSCHE, *Pl. clavaeflora* STEPH., *Pl. corymbulosa* PEARS., *Pl. natalensis* PEARS. und *Pl. gigantea* DUM., *Dendrolembidium dendroides* HERZOG und *D. tenax* HERZOG, *Bryopteris filicina* NEES, *Br. nepalensis* STEPH. und *Br. fruticulosa* TAYL. Bei vorherrschend monopodialen Formen treten sie häufig als Solitärpflanzen auf, da der Kriechsproß oft frühzeitig zerstört ist. Sympodiale Formen können hierdurch zu solitären Pflanzen werden. Bleibt der Kriechsproß indessen erhalten, und die „bäumchenartigen" Sprosse stellen die Endabschnitte von Sympodialgliedern dar, so werden der Rasen als „Bäumchenrasen" bezeichnet. Er wird durch fortwachsende Kriechsprosse und Innovationsäste erneuert. Solche „Bäumchenrasen" bestehen meistens aus $\pm$ lose nebeneinander wachsenden solitären Sympodialsystemen, wie bei *Bryopteris filicina* NEES und erreichen oft eine bedeutende Größe.

b) *Jungermaniales anakrogynae.*

Auf Grund der anfangs beschriebenen allgemeinen Gestaltungsverhältnisse, die mit denen der *Jungermaniales akrogynae* grundsätzlich übereinstimmen und die zu Konvergenzerscheinungen in ihren beiderseitigen Wuchsformen führen, kann die Einteilung der Wuchstypen der *Jungermaniales anakrogynae* in ähnlicher Weise erfolgen, wie es bei den *Jungermaniales akrogynae* geschehen ist.

Das Sproß-Ast-System. Die einfachsten Wuchsformen, von denen fast alle übrigen abgeleitet werden können, sind solche, die bei *Metzgeria furcata* LINDBG., *M. conjugata* LINDBG. u. a. verwirklicht sind. Ihnen entsprechen in der Gattung *Riccardia* die Arten *Riccardia maxima* (STEPH.) und *R. flagellaris* (STEPH.), ferner *Blasia pusilla* L. (Abb. 23, *I* u. *II*), alle *Pellia-*, *Fossombronia-* und *Treubia-*Arten. Mit zunehmender Rhythmik in der Beastung wird das Fieder-Ast-System ausgebildet. Unter ihm werden alle fiederig verzweigten *Metzgeria-*, *Riccardia-*, *Pallavicinia-*, *Hymeno-*

phytum- und *Symphyogyna*-Arten zusammengefaßt. Die Gestaltungsverhältnisse sind die gleichen wie bei den *Fieder-Ast-Systemen* der *akrogynen Jungermaniales*. Auch in der Rasenbildung herrscht vollständige Übereinstimmung. Die vorherrschend akrotone Förderung in der Beastung und die damit verbundene Verbreiterung und Flächenausdehnung der Spitzenregionen des Sproßsystems

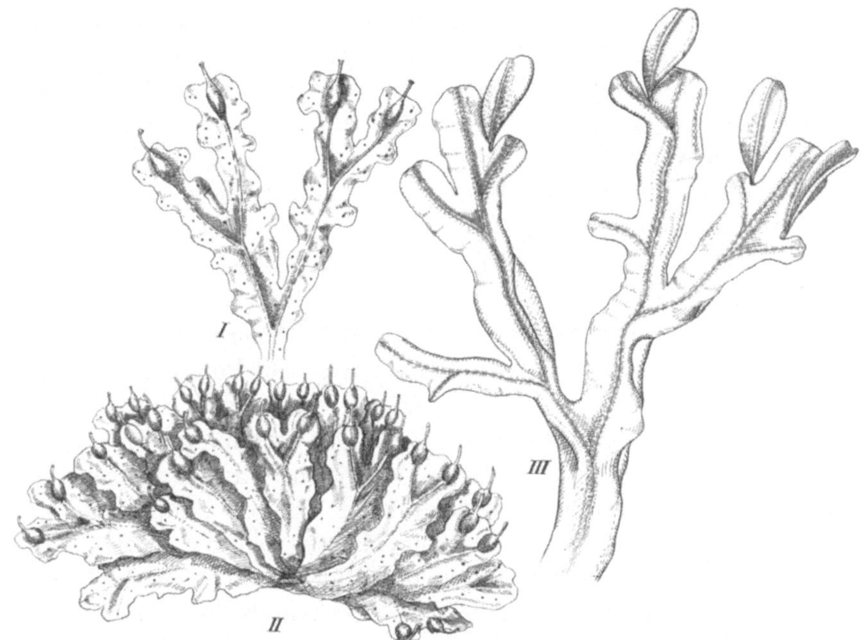

Abb. 23. Strahliger Wuchs bei thallosen Lebermoosen. *I Blasia pusilla. II Blasia pusilla*-Rasen. *III Fegatella conica.*

gegenüber der Basis führt zu scharfem strahlenförmigem Wachstum der Rasen (Abb. 23, *II*). In ihrer Gesamtheit bilden sie eine deutliche Konvergenzerscheinung zu den flabellaten Verzweigungstypen der Einzelpflanzen und sind entstanden aus der Vereinigung vieler einzelner „Fächer". Dieser strahlenförmige Wuchs wird bei den fiederig verzweigten weitgehend aufgelöst. Hier tritt vielmehr eine Verflechtung der einzelnen Thalli durch die Kurztriebe zu deckenartigen Gebilden ein. In ihrer Gesamtheit läßt sich aber doch noch eine fächerförmige Anordnung der Hauptäste erkennen, die Wachstumszonen sind auf die Ränder der Rasen beschränkt. Nur in solchen Fällen, bei denen der Hauptsproß sein Wachstum einstellt und einzelne Kurztriebe zu Innovationsästen auswachsen, ist ein gewisses Oberflächenwachstum zu erkennen.

Die gleichen Voraussetzungen, die bei den beblätterten Arten zu den *Kriechsproß Hauptast-Systemen* führten, schaffen auch bei den thallosen *Jungermaniales* Wuchsformen, die in einen plagiotrop auswachsenden Kriechsproß und einen orthotrop wachsenden Hauptsproß differenziert sind. Der vorwiegend monopodiale Charakter dieser Wuchsformen bestimmt auch den Typus. Die Seitenäste bleiben im Gegensatz zum Hauptsproß immer verhältnismäßig schwach entwickelt, das Erneuerungswachstum wird in der Regel vom Hauptsproß allein getragen. An ihm entstehen in streng fiederigen Intervallen Seitenäste, die ihrerseits, wie es oben bereits geschildert worden ist, Seitenäste höherer Ordnung hervorbringen. Durch diese Verhältnisse bestehen solche Rasen vorwiegend aus Solitärpflanzen, die nur durch die Seitenäste lose miteinander verflochten sind. Hierher gehören vor allem *Riccardia*-Arten: *R. palmata* Lindbg., *R. bogotensis* (Steph.), *R. Negeri* (Steph.) u. a. Diese Verhältnisse leiten über zu denjenigen, die durch *R. prehensilis* Massal., *R. eriocaula* Massal. u. a. vertreten werden. Die Polarität in der Beastung tritt hier deutlich in Erscheinung, wenngleich die Seitenäste noch streng fiederig angeordnet sind. Die Exemplare, die zu einer Untersuchung der Wuchsform zur Verfügung standen, waren reine Solitärpflanzen monopodialen Charakters, die vollständig voneinander getrennt gewachsen waren, dennoch ist es denkbar, daß teilweise sympodiale Typen auftreten können, nämlich dann, wenn der Hauptsproß sein Wachstum nach einiger Zeit einstellt, ähnlich den Verhältnissen, die in den Gattungen *Symphyogyna*, *Pallavicinia* und *Hymenophytum* verwirklicht sind. Auch hier treten zunächst reine Monopodien auf, die nach Einstellen des Wachstums durch einen Seitenast, der an der Umbiegungsstelle angelegt worden ist, sympodial fortgeführt werden. Die Endglieder, die aufrecht wachsen, stellen deshalb ihr Wachstum ein, weil sie sich infolge sehr extremer Verhältnisse zu stark aufgerichtet haben und mit ihren Sproßspitzen nicht mehr zum Substrat zurückkehren können. Sie demonstrieren jeweils den ersten Teil des Erstarkungswachstums, die aufsteigende Phase des bogenförmigen Erstarkungswachstums monopodialer Sproßsysteme. In diesen Verhältnissen liegt es begründet, daß neben monopodialem Wachstum, welches mindestens immer in der ersten Vegetationsphase vorliegt, bei weiterer Entwicklung der Sproßsysteme sympodiale Verzweigung in Erscheinung tritt.

c) *Marchantioideae und Riccioideae.*

Die Wuchsformen der hier vereinigten Arten zeichnen sich durch außerordentliche Einförmigkeit aus. In ihren grundsätzlichen Gestaltungsverhältnissen stimmen beide vollständig überein. Neben ihnen ist es vor allem der anatomische Aufbau, der dazu berechtigt, die Wuchsformen der *Riccioideae* als von denen der *Marchantioideae* abgeleitet zu betrachten. Die streng dichotome Verzweigung schafft Konvergenzerscheinungen zu den einfachsten Formen der thallosen *Jungermaniales* (Abb. 23, *I* u. *III*), und führt zur Ausbildung eines „Flabellums", welches zugleich die Wuchsformen der gesamten Moosrasen bestimmt: der strahlige oder fächerartige Wuchs. Die Wachstumszonen der Rasen liegen immer am Rande, besonders an seinem Vorderrande, bedingt durch die akrotonen Symmetrieverhältnisse. Nur in seltenen Fällen treten sog. Adventiväste auf, die aus der Mittelrippe der Thalli entspringen. Sie übernehmen nie das Erneuerungswachstum und erstarken auch nicht, sondern bleiben als Kurztriebe erhalten und führen durch ihre gegenseitige Verflechtung zu einer stärkeren Verwebung des Rasens. Der Verzweigungscharakter der *Marchantioideae* ist mit dem Eintritt in die reproduktive Phase nicht mehr ausschließlich dichotom. Da die Gametangienstände Astbildungen des Gametophyten sind, die aber nur begrenztes Wachstum aufweisen, können wir in ihnen sympodiale Thallusendglieder sehen. Faßt man den dichotomen Verzweigungsmodus als Monopodium auf — das käme besonders deutlich bei anisotom verzweigten Thalli zum Ausdruck — dann wären die Wuchstypen der *Marchantioideae* Kombinationen von Monopodien und Sympodien.

VII. Zusammenfassung.

Aus der Darstellung geht hervor, daß die Wuchsformen der Lebermoose in der Hauptsache in ihren Beastungsverhältnissen begründet liegen. Diese sind nicht ausschließlich das Produkt auf sie einwirkender Umweltfaktoren und Anpassungserscheinungen an diese; sie liegen grundsätzlich in der Organisation selbst begründet. Die Analyse der Verzweigung hat ergeben, daß ihnen trotz gelegentlicher organisatorischer Verschiedenheit ein verhältnismäßig einheitlicher Bauplan zugrunde liegt. Im Bauplan der Pflanze liegen ihre eigenen Gestaltungsmöglichkeiten. Die einheitlichen Verhältnisse bei den Lebermoosen führen darum zu morphologischen Konvergenzerscheinungen, die mit Ausnahme der *Marchantiales* in allen anderen systematischen Einheiten auftreten, also bei Formen von verschiedener Organisation und verschiedensten verwandtschaftlichen Verhältnissen. Wenn sich unter der morphologischen Konvergenz eine ökologische verbirgt, so löst diese nicht etwa die erstere aus, sondern ist nur die notwendige Folge einer gestaltlichen Übereinstimmung und die Antwort des Organismus auf Umwelteinflüsse, soweit sie in seiner typenhaften Gebundenheit erfolgen kann.

Literatur.

BERGDOLD, E.: Untersuchungen über Marchantiaceae. Bot. Abh. **10** (1926). — BERTHOLD, G.: Untersuchungen zur Physiologie der pflanzlichen Organisation. Leipzig 1904. — BISCHOFF, G. W.: Beobachtungen über Sphaerocarpus terrestris. Nova Acta Leopoldina **13** (1827). — Bemerkungen über die Lebermoose (Marchantieen und Riccieen) Nova Acta Leopoldina **17** (1835). — BLACK, C. A.: The morphology of Riccia Frostii. Ann. of Bot. **27** (1913). — BOLLETER: Fegatella conica, eine morphologisch-physiologische Monographie. Beih. Bot. Cbl. **18** (1905). — BUCH, H.: Experimentelle Morphologie. In Verdoorn, Manual of Bryology. The Hague 1932. — Physiologische und experimentell morphologische Studien an beblätterten Lebermoosen. I. u. II. Oversikt av Finska Vetershaps-Sozietetens Förhandlinger, Bd. LXII. Helsingfors 1919—1920. — Über den Photo- und Hydrotropismus der Lebermoospflanze. — Oversikt av Finska Vetershaps-Sozietetens Förhandlinger, Bd. LXIV. Helsingfors 1922. — BURGEFF, H.: Marchantia. Jena 1943. — CAMPBELL, D. H.: Studies on some East Indian Hepaticae (Dumortiera und Wiesnerella). Ann. of Bot. **32** (1918). — The relationship of the Anthocerotaceae. Flora **18/19** (1925). — CHALAUD, G.: Prem. phase de l'évolution du gamétophyte de Fossombronia pusilla. C. r. Acad. Sci. Paris **183** (1926). — Les rameaux foliaires chez les Hepatiques. Rev. gén. Bot. **39** (1927). — La croissance terminal et la ,,fausse Dichotomie" de Metzgeria furcata. Bull. Soc. bot. France **74** (1927). — La fausse Dichotomie du Metzgeria furcata. Réponse à M. Douin. Bull. Soc. bot. France **75** (1927). — Le cycle évolutif du Fossombronia pusilla Dum. Rev. gén. Bot. **41** (1928). — Les prem. phases du développement du gamétophyte chez Lophocolea cuspidata et chez Chiloscyphus polyanthus. C. r. Acad. Sci. Paris **191** (1930). — Germination des spores et formation du gamétophyte chez Lophocolea cuspidata et Chiloscyphus polyanthus. Ann. Bryol. **4** (1931). — CLAPP, G.: The life history of Aneura pinguis. Bot. Gaz. **54** (1912). — CLEE, A. D.: The morphology and anatomy of Pellia epiphylla considered in relation to the mechanism of absorption and conduction of water. Ann. of Bot., N.S. **3** (1939). — Leaf-arrangement in relation to water conduction in the Foliose Hepaticae. Ann. of Bot., N. S. **1** (1937). — DACHNOWSKI, A.: Zur Kenntnis der Entwicklungsphysiologie von Marchantia polymorpha. Jb. Bot. **44** (1907). — DAVY DE VIERVILLE, A.: Sur les relations biologiques entre une Hépatique (Lophocolea bidentata) et divers Muscinées. C. r. Acad. Sci. Paris **180** (1925). — L'action du milieu sur les Mousses. Rev. gén. Bot. **1928**. — DOUIN, CH.: Nouvelles observations sur Sphaerocarpus. Rev. Bryol. **36** (1909). — Protonéma et Propagules chez les Hépatiques. Rev. Bryol. **37** (1910). — Sur le Gamétophyte des Marchantées. C. r. Acad. Sci. Paris **174** (1922). — Recherches sur le

Gamétophyte des Marchantées. Rev. gén. Bot. **35** (1923). — Les ensaigne-
ments d'un thalle du Metzgeria furcata. Rev. Bryol. et Lich. **2** (1929). —
La „falsche Dichotomie" de Kny n'a jamais existé. Bull. Soc. bot. France
75 (1929). — Les bifurcations principales parfaites chez les Hépatiques à
Feuilles. Rev. Bryol. et Lich. **3** (1930). — Les rameaux chez les Muscinées.
Rev. Bryol. et Lich. **8** (1935). — Notes sur le Fossombronia. Rev. gén. Bot.
43 (1931). — Le thalloide du Blasia et son extraordinaire organisation. Rev.
gén. Bot. **49** (1937). — Douin, R., et A. D. de Vierville: Action du milieu
sur le Fegatella conica. Rev. gén. Bot. **36** (1924). — Ellwein, H.: Beiträge
zur Kenntnis einiger Jungermaniaceen. Bot. Arch. **15** (1926). — Evans,
A. W.: Branching in the Leafy Hepaticae. Ann. of Bot. **26** (1912). — Vege-
tative reproduction in Metzgeria. Ann. of Bot. **24** (1910). — Farmer,
I. B.: Studies in Hepaticae. Ann. of Bot. **8** (1894). — Fellner, F.: Die
Keimung der Sporen von Riccia glauca. Jber. naturwiss. Ver. Graz **1875**. —
Fitting, H.: Grundprobleme der Pflanzengestaltung. Bonner Mitt. **4** (1930).
Untersuchungen über die Induktion der Dorsiventralität bei den Brut-
körper-Keimlingen der Marchantien. Jb. Bot. **82** (1936); **85** (1937); **86**
(1938). — Förster, K.: Die Wirkung äußerer Faktoren auf Entwicklung
und Gestaltbildung bei Marchantia polymorpha. Planta **3** (1927). — Die
Entwicklung untergetauchter Pflanzen von Marchantia unter verschiedenen
Außenbedingungen. Planta **16** (1932). — Gaisberg, E. v.: Beiträge zur
Kenntnis der Lebermoosgattung Riccia. Flora N. F. **14** (1921). — Garjeanne,
A.: Aus dem Leben des Odontoschisma Sphagni. Ann. Bryol. **1** (1928). —
Entwicklungsänderungen bei Lebermoosen. Rec. Trav. Bot. Néerl. **25** (1928).—
Gerber, I. F.: The life history of Ricciocarpus natan. Bot. Gaz. **37** (1904). —
Goebel, K.: Morphologische und biologische Studien. I. Ann. Jard. bot.
Buitenzorg **7** (1887). — Archegoniatenstudien 6. Flora **80** (1895); **96** (1906);
97 (1907). Flora, N. F. **1** (1910). — Weitere Untersuchungen über
Keimung und Regeneration bei Riella und Sphaerocarpus. Flora **97**
(1907). — Organographie der Pflanzen. 3. Aufl., Teil 2. 1930. — Gottsche,
C. M.: Anatomisch-physiologische Untersuchungen über Haplomitrium
Hookeri mit Vergleichung anderer Lebermoose. Acta Acad. Caes. Leo-
pold.-Carol. **20** (1843). — Hansel: Über die Keimung von Preissia com-
mutata. Ber. k. k. Akad. Wiss. Wien, Math.-naturwiss. Kl. **111** u. **112**
(1902/03). — Haupt, A. W.: A morphological study of Pallavicinia Lyellii.
Bot. Gaz. **66** (1918). — Morphology of Preissia quadrata. Bot. Gaz. **82**
(1926). — Halbsguth, W.: Untersuchungen über die Morphologie der
Marchantiaceen-Brutkörper. Jb. Bot. **84** (1936). — Herzog, Th.: Anatomie
der Lebermoose. In Linsbauers Handbuch der Pflanzenanatomie, Bd. VII.
Berlin 1925. — Geographie der Moose. Jena 1926. — Revision der Leber-
moosgattung Lembidium. Stockholm 1951. — Hofmeister, W.: Ver-
gleichende Untersuchungen der Keimung, Entfaltung und Fruchtbildung
höherer Kryptogamen. Leipzig 1851. — Zur Morphologie der Moose.
I. Entwicklungsgeschichte der Riella Reuteri. Ber. kgl. sächs. Ges. Wiss.,
Leipzig **1854**. — Hutchinson, A. H.: Gametophyt of Pellia epiphylla. Bot.
Gaz. **60** (1915). — Jack, J. B.: Hepaticae Europaeae. Bot. Ztg. **35** (1877).
Beiträge zur Kenntnis der Pellia-Arten. Flora **81** (1895). — Kny, L.:
Beiträge zur Entwicklungsgeschichte laubiger Lebermoose. Jb. Bot. **4**
(1863). — Bau und Entwicklung von Marchantia polymorpha L. Botanische
Wandtafeln, Abt. VIII. Berlin 1890. — Kreh, W.: Über die Regeneration
der Lebermoose. Nova Acta Acad. Leopoldina **90** (1909). — Leitgeb,
H.: Wachstumsgeschichte von Radula complanata. Ber. k. k. Akad.
Wiss. Wien, Math.-naturwiss. Kl. **63** (1871). — Über die Verzweigung der

Lebermoose. Bot. Ztg. 29 (1871). — Über endogene Sproßbildung bei Lebermoosen. Bot. Ztg. 30 (1872). — Die Keimung der Lebermoossporen in ihrer Beziehung zum Lichte. Ber. k.k. Akad. Wiss. Wien, Math.-naturwiss. Kl. 74 (1876). — Untersuchungen über die Lebermoose. I—VI. Leipzig u. Graz 1879—1881. — Lesage, P.: Modifications dans la forme et les dimensions du Fegatella conica. Bull. Soc. Méd. et Sci. de l'Ouest 1915. — Cultures expérim. du Fegatella conica et de quelques autres Muscinées, C. r. Acad. Sci. Paris 172 (1921). — Liese, J.: Über den Heliotropismus der Assimilationszellen einiger Marchantiaceen. Ber. dtsch. bot. Ges. 37 (1919).— Lilienstern, M.: Physiologisch-morphologische Untersuchungen über Marchantia polymorpha in Reinkultur. Ber. dtsch. bot. Ges. 45 (1927); 46 (1928). — Lindberg, S. O.: Sur la morphologie des Mousses. Rev. Bryol. 4—6 (1886). — Loeske, L.: System und Experiment. Ann. Bryol. 1 (1928). — Mader, A.: Untersuchungen über die Gattung Moerckia Gott. Planta 8 (1929). — Mägdefrau, K.: Untersuchungen über die Wasserdampfaufnahme der Pflanzen. Z. Bot. 24 (1931). — Der Wasserhaushalt der Moose. Ann. Bryol. 10 (1937). — Menge, Fr.: Die Entwicklung der Keimpflanzen von Marchantia polymorpha und von Plagiochasma rupestre. Flora 124 (1930). — Meusel, H.: Wuchsformen und Wuchstypen der europäischen Laubmoose. Nova Acta Leopoldina, N. F. 3 (1935). — Müller, K.: Monographie der Gattung Scapania. Nova Acta Leopoldina 83 (1905). — Die Lebermoose. In Rabenhorsts Kryptogamenflora, 2 Bde. Leipzig 1906—1916. — Erg.-Bde. I u. II. Leipzig 1939 u. 1940. — Untersuchungen über die Wasseraufnahme durch Moose und verschiedene andere Pflanzen und Pflanzenteile. Jb. Bot. 46 (1909). — Über Anpassung der Lebermoose an extremen Lichtgenuß. Ber. dtsch. bot. Ges. 34 (1916). — Nees v. Esenbeck: Naturgeschichte der Europäischen Lebermoose, 4 Bde. Berlin 1833—1838. — Němec, B.: Die Wachstumsrichtung einiger Lebermoose. Flora 1906. — Die Induktion der Dorsiventralität bei einigen Moosen. II. Bull. internat. Acad. Sci. Bohême. Prag 1906. — Die Symmetrieverhältnisse und Wachstumsrichtungen einiger Laubmoose. Jb. Bot. 43, 4 (1906). — Nicolas, G.: Nouvelles observations sur Fegatella conica. C. r. Acad. Sci. Paris 1927. — O'Hanlon, M. E.: Comperative morphology of Dumortiera hirsuta. Bot. Gaz. 96 (1934). — Pfeffer, W.: Studien über Symmetrie und spezielle Wachstumsursachen. Arb. bot. Inst. Würzburg 1 (1871). — Pietsch, W.: Entwicklungsgeschichte des vegetativen Thallus, insbesondere der Luftkammern der Riccien. Flora N. F. 3 (1911). — Rauh, W.: Über polsterförmigen Wuchs. Nova Acta Leopoldina, N. F. 7 (1939). — Morphologie der Nutzpflanzen. Heidelberg 1950. — Über Gesetzmäßigkeit der Verzweigung und deren Bedeutung für die Wuchsformen der Pflanzen. Mitt. dtsch. dendr. Ges. 52 (1939). — Morphologie und Biologie der Holzgewächse. II. Bot. Arch. 43 (1942). — Renner, O.: Zur Kenntnis des Wasserhaushaltes javanischer Kleinepiphyten. Planta 18 (1932). — Rink, W.: Zur Entwicklungsgeschichte, Physiologie und Genetik der Lebermoosgattungen Anthoceros und Aspiromitus. Flora, N. F. 30 (1935). — Ruge, G.: Beiträge zur Kenntnis der Vegetationsorgane der Lebermoose. Flora 77 (1893). — Schiffner, V.: Morphologische und biologische Untersuchungen über die Gattungen Grimaldia und Neesiella. Hedwigia 47 (1908). — Hepaticae. In Engler-Prantl, Nat. Pflanzenfamilien I, Bd. 1, Abt. 3, 1893—1895. — Morphologie in systematische Stellung von Metzgeriopsis pusilla. Österr. bot. Z. 1893. — Sérvit, M.: Über die Verzweigungsart der Muscineen. Beih. Bot. Cbl. 22 (1907). — Seybold, A.: Untersuchungen über die Form-

gestaltung der Blätter der Angiospermen, I. Die homologen Konvergenz-
reihen der Blätter und allgemeine kritische Bemerkungen über das Gestalt-
problem. Biol. generalis (Wien) **12** (1927). — SHOWALTER, A. M.: Studies
in the morphology of Riccardia pinguis. Amer. J. Bot. **10** (1923). — STE-
PHANI, F.: Species hepaticarum, Bd. 1—6. Genf 1898—1924. — TROLL, W.:
Gestalt und Gesetz. Flora, N. F. **18**, 19 (1925). — Organisation und Gestalt im Bereich der Blüte. Berlin 1928. — Vergleichende Morphologie
der höheren Pflanzen, Bd. 1, Teil 1. Berlin 1937. Bd. 1, Teil 2. Berlin
1938. — Symmetriebetrachtung in der Biologie. Studium gen. **2**, H. 4/5
(1949). — VERDOORN, FR., Manual of Bryologie. The Hague 1932. —
VÖCHTING, H.: Über die Regeneration der Marchantien. Jb. Bot. **16** (1886). —
WIGAND, A.: Der Baum. Betrachtungen über Gestalt und Lebensgeschichte
der Holzgewächse. Braunschweig 1854. — ZIMMERMANN, W.: Vererbung
„erworbener Eigenschaften" und Auslese. Jena 1938.

Jahrgang 1942.

1. E. Gotschlich. Hygiene in der modernen Türkei. DM 0.60.
2. Studien im Gneisgebirge des Schwarzwaldes. XIII. O. H. Erdmannsdörffer. Über Granitstrukturen. DM 1.60.
3. J. D. Achelis. Die Überwindung der Alchemie in der paracelsischen Medizin. DM 1.40.
4. A. Benninghoff. Die biologische Feldtheorie. DM 1.—.

Jahrgang 1943.

1. A. Becker. Zur Bewertung inkonstanter α-Strahlenquellen. DM 1.—.
2. W. Blaschke. Nicht-Euklidische Mechanik. DM 0.80.

Jahrgang 1944.

1. C. Oehme. Über Altern und Tod. DM 1.—.

1945, 1946 und 1947 sind keine Sitzungsberichte erschienen.

Ab Jahrgang 1948 erscheinen die „Sitzungsberichte" im Springer-Verlag.

Inhalt des Jahrgangs 1948:

1. P. Christian und R. Haas. Über ein Farbenphänomen. DM 1.50.
2. W. Blaschke. Zur Bewegungsgeometrie auf der Kugel. DM 1.—.
3. P. Uhlenhuth. Entwicklung und Ergebnisse der Chemotherapie. DM 2.—.
4. P. Christian. Die Willkürbewegung im Umgang mit beweglichen Mechanismen. DM 1.50.
5. W. Bothe. Der Streufehler bei der Ausmessung von Nebelkammerbahnen im Magnetfeld. DM 1.—.
6. W. Troll. Urbild und Ursache in der Biologie. DM 1.50.
7. H. Wendt. Die Jansen-Rayleighsche Näherung zur Berechnung von Unterschallströmungen. DM 2.40.
8. K. H. Schubert. Über die Entwicklung zulässiger Funktionen nach den Eigenfunktionen bei definiten, selbstadjungierten Eigenwertaufgaben. DM 1.80.
9. W. Schaaff. Biegung mit Erhaltung konjugierter Systeme. DM 1.80.
10. A. Seybold und H. Mehner. Über den Gehalt von Vitamin C in Pflanzen. DM 9.60.

Inhalt des Jahrgangs 1949:

1. H. Maass. Automorphe Funktionen und indefinite quadratische Formen. DM 3.60.
2. O. H. Erdmannsdörffer. Über Flasergranite und Böllsteiner Gneis. DM 1.20.
3. K. H. Schubert. Die eindeutige Zerlegbarkeit eines Knotens in Primknoten. DM 2.80.
4. K. Holldack. Grenzen der Herzauskultation. DM 4.20.
5. K. Freudenberg. Die Bildung ligninähnlicher Stoffe unter physiologischen Bedingungen. DM 1.—.
6. W. Troll und H. Weber. Morphologische und anatomische Studien an höheren Pflanzen. DM 7.80.
7. W. Doerr. Pathologische Anatomie der Glykolvergiftung und des Alloxandiabetes. DM 9.80.
8. W. Threlfall. Knotengruppe und Homologieinvarianten. DM 1.50.
9. F. Oehlkers. Mutationsauslösung durch Chemikalien. DM 3.80.
10. E. Sperner. Beziehungen zwischen geometrischer und algebraischer Anordnung. DM 3.—.
11. F. Heller. Ursus (Plionarctos) stehlini Kretzoi. DM 4.80.
12. W. Rauh. Klimatologie und Vegetationsverhältnisse der Athos-Halbinsel und der ostägäischen Inseln Lemnos, Evstratios, Mytiline und Chios. DM 10.50.
13. Y. Reenpää. Die Schwellenregeln in der Sinnesphysiologie und das psychophysische Problem. DM 1.60.